Boris Riedel

Effizienzsteigerung in organischen Leuchtdioden

Effizienzsteigerung in organischen Leuchtdioden

von
Boris Riedel

KIT Scientific Publishing

Dissertation, Karlsruher Institut für Technologie
Fakultät für Elektrotechnik und Informationstechnik, 2011

Impressum

Karlsruher Institut für Technologie (KIT)
KIT Scientific Publishing
Straße am Forum 2
D-76131 Karlsruhe
www.ksp.kit.edu

KIT – Universität des Landes Baden-Württemberg und nationales
Forschungszentrum in der Helmholtz-Gemeinschaft

KIT Scientific Publishing 2011
Print on Demand

ISBN 978-3-86644-700-4

Effizienzsteigerung in organischen Leuchtdioden

Zur Erlangung des akademischen Grades eines

DOKTOR-INGENIEURS

von der Fakultät für
Elektrotechnik und Informationstechnik
des Karlsruher Instituts für Technologie (KIT)
genehmigte

DISSERTATION

von
Dipl.-Phys. Boris Riedel
geb. in Germersheim

Tag der mündlichen Prüfung: 17. Mai 2011

Hauptreferent: Prof. Dr. Uli Lemmer
Korreferent: Prof. Dr. Martina Gerken
Korreferent: Prof. Dr. Christian Koos

Für Saskia

Zusammenfassung

Organische Leuchtdioden (OLEDs) bieten aufgrund ihrer vorteilhaften Eigenschaften vielfältige Einsatzmöglichkeiten in Display-Anwendungen und in der Allgemeinbeleuchtung. Ihr Potential ist jedoch noch lange nicht ausgeschöpft, da die Extraktionseffizienz für typische Bauelemente nur 20 % beträgt und daher ein großer Teil des erzeugten Lichts die OLED nicht verlassen kann.

Diese Arbeit befasst sich mit verschiedenen nano- und mikrotechnologischen Konzepten zur Steigerung der Auskoppeleffizienz von OLEDs. Zunächst werden die elektrischen und optischen Eigenschaften von organischen Halbleitern eingeführt und die Grundlagen von OLEDs, insbesondere die auftretenden optischen Verlustmechanismen, erläutert. Des Weiteren werden die zur Herstellung und Strukturierung von OLEDs verwendeten Technologien und Charakterisierungstechniken vorgestellt. Die Nano- und Mikrostrukturierung der OLEDs erfolgt sowohl über drei bottom-up- als auch über zwei top-down-Ansätze, die im Folgenden kurz erläutert werden.

Der erste bottom-up-Ansatz beschreibt wie sich mit speziellen Lochtransportschichten aus PEDOT:PSS und SiO_2-Nanopartikeln die optischen und elektrischen Eigenschaften der OLEDs maßschneidern lassen. Diese Kompositschichten lassen sich hinsichtlich ihrer Dicke, ihrer Oberflächenbeschaffenheit, ihrer lateralen Leitfähigkeit und ihres Absorptionsgrades gezielt einstellen. Ab einem SiO_2-Gehalt von 76 % in den Kompositschichten werden die OLEDs effizienter als die Referenz-OLEDs, und bei einem SiO_2-Gehalt von 84 % beträgt die Effizienzsteigerung ca. 64 %. Photolumineszenzmessungen ergeben, dass diese Erhöhung teilweise auf einer verbesserten Auskoppeleffizienz beruht. Da diese Kompositschichten selbst bei Schichtdicken um die 700 nm noch transparent sind, werden größere TiO_2-Streupartikel darin eingebettet, die ihrerseits die Effizienzen der OLEDs um weitere 20 % steigern.

Beim zweiten Ansatz werden diese SiO_2-Nanopartikel auch zwischen der Lochtransportschicht aus PEDOT:PSS und der Emitterschicht aus Super Yellow bzw. innerhalb der Emitterschicht eingefügt. Die Zwischenräume der Partikelschicht füllen sich von unten bzw. von oben mit Organik, sodass der OLED-Betrieb gewährleistet ist. Hierbei sind die Gesamteffizienzen der OLEDs verglichen mit entsprechenden Referenz-OLEDs um 115 %, bzw. 43 % erhöht. Mittels Photolumineszenzmessungen wird gezeigt, dass diese Erhöhung wiederum zum Teil auf einer verbesserten Auskoppeleffizienz beruht.

Im dritten Ansatz werden Nanopartikel aus SiO_2 und TiO_2 zwischen Emitterschicht und Kathode gebracht. Aufgrund der unpolaren Oberfläche der Emitterschicht aus Super Yellow agglomerieren die in wässriger Dispersion vorliegenden Nanopartikel während des Aufschleudervorgangs zu größeren Clustern, welche die darüberliegende Kathode unregelmäßig strukturieren. OLEDs, deren Cluster nur aus SiO_2-Nanopartikeln bestehen, zeigen mit einer 3,2-fachen Erhöhung der Effizienz gegenüber den Referenz-OLEDs die höchste Steigerung. Sie wird ausschließlich auf eine Änderung der internen Quanteneffizienz zurückgeführt.

Die zwei top-down-Ansätze zur effizienten Lichtextraktion aus OLEDs basieren auf nano- und mikrostrukturierten Substraten. OLEDs auf einem Glassubstrat, welches mit einer 300 nm dicken und mit einem Bragg-Gitter strukturierten hochbrechenden Ta_2O_5-Schicht versehen ist, weisen eine bis zu 3,9-fache Effizienzsteigerung auf. Abhängig von der Gittertiefe ist dieser Effekt auf die Auskopplung von geführten Moden, jedoch hauptsächlich auf ausgekoppelte Substratmoden zurückzuführen, die an der strukturierten Hochindexschicht gestreut werden.

Beim letzten Ansatz werden, um Wellenleitung innerhalb der OLED und Totalreflexion im Glassubstrat zu minimieren, Glassubstrate aufgeraut und mit einer 50 nm dicken Wellenleiterschicht aus Ta_2O_5 bedampft. Die Oberflächen werden mit einem transparenten Fotolack geglättet, sodass OLEDs darauf hergestellt werden können. Je nach Aufraumethode ergeben sich Effizienzsteigerungen von bis zu 37 % gegenüber Referenz-OLEDs, was auf einer verbesserten Auskoppeleffizienz beruht. Aufgrund der unebenen internen Grenzflächen weisen diese OLEDs unterschiedliche und teils verringerte interne Quanteneffizienzen auf, was die Gesamteffizienz wiederum etwas mindert.

Publikationen

- **B. Riedel**, Y. Shen, J. Hauss, M. Aichholz, X. Tang, U. Lemmer, and M. Gerken, *Tailored Highly Transparent Composite Hole Injection Layer Consisting of PEDOT:PSS and SiO_2 Nanoparticles for Efficient Polymer Light Emitting Diodes*, Adv. Mater. **23**, 740 (2011).

- **B. Riedel**, J. Hauss, Y. Shen, M. Aichholz, U. Lemmer, and M. Gerken, *Polymer Light-Emitting Diodes with Inorganic Nanocomposite Interlayers for Efficiency Enhancement*, J. Photon. Energy **1**, 011018 (2011).

- J. Hauss, **B. Riedel**, S. Gleiss, U. Geyer, U. Lemmer, and M. Gerken, *Periodic Large Area Nanostructuring for Guided Mode Extraction in OLEDs*, J. Photon. Energy **1**, 011012 (2011).

- J. Hauss, T. Bocksrocker, **B. Riedel**, U. Lemmer, and M. Gerken, *On the interplay of waveguide modes and leaky modes in corrugated OLEDs*, Opt. Express **19**, A851 (2011).

- **B. Riedel**, I. Kaiser, J. Hauss, U. Lemmer, and M. Gerken, *Improving the outcoupling efficiency of indium-tin-oxide-free organic light-emitting diodes via rough internal interfaces*, Opt. Express **18**, A631 (2010).

- **B. Riedel**, J. Hauss, U. Geyer, J. Guetlein, U. Lemmer, and M. Gerken, *Enhancing outcoupling efficiency of indium-tin-oxide-free organic light-emitting diodes via nanostructured high index layers*, Appl. Phys. Lett. **96**, 243302 (2010).

- **B. Riedel**, J. Hauss, M. Aichholz, A. Gall, U. Lemmer, and M. Gerken, *Polymer light emitting diodes containing nanoparticle clusters for improved efficiency*, Org. Electron. **11**, 1172 (2010).

- J. Hauss, **B. Riedel**, and M. Gerken, *Nanotechnologie für Licht von morgen*, Nanotechnologie aktuell **3**, 26 (2010).

- U. Geyer, J. Hauss, **B. Riedel**, S. Gleiss, U. Lemmer, and M. Gerken, *Large-scale patterning of indium tin oxide electrodes for guided mode extraction from organic light-emitting diodes*, J. Appl. Phys. **104**, 093111 (2008).

- J. Hauss, T. Bocksrocker, **B. Riedel**, U. Lemmer, and M. Gerken, *Metallic Bragg-gratings for light management in organic light-emitting devices*, Appl. Phys. Lett. (2011), angenommen zur Veröffentlichung.

Konferenzbeiträge

- **B. Riedel**, J. Hauss, U. Geyer, J. Guetlein, U. Lemmer, and M. Gerken, *ITO-free OLEDs with a nanostructured high-index layer for improved outcoupling efficiency*, SPIE Optics+Photonics 7776-61, San Diego, CA, USA (2010).
- J. Hauss, **B. Riedel**, U. Geyer, T. Bocksrocker, U. Lemmer, and M. Gerken, *Periodic and nonperiodic large-area nanostructuring for guided mode extraction in OLEDs*, SPIE Optics+Photonics 7776-65, San Diego, CA, USA (2010).
- **B. Riedel**, J. Hauss, U. Geyer, U. Lemmer, and M. Gerken, *Methods for Increasing the Efficiency of Organic Light Emitting Diodes*, Proc. OSA, Solid-State and Organic Lighting, SOTuB2, Karlsruhe (2010).
- J. Hauss, **B. Riedel**, T. Bocksrocker, S. Gleiss, K. Huska, U. Geyer, U. Lemmer, and M. Gerken, *Periodic Nanostructures Fabricated by Laser Interference Lithography for Guided Mode Extraction in OLEDs*, Proc. OSA, Solid-State and Organic Lighting, SOThB2, Karlsruhe (2010).
- **B. Riedel**, J. Hauss, I. Kaiser, J. Guetlein, U. Geyer, K. Huska, U. Lemmer, and M. Gerken, *Methods to Enhance the Efficiency of Organic Light Emitting Devices*, International Symposium Technologies for Polymer Electronics - TPE 10, Rudolstadt (2010).
- J. Adam, J. Hauss, S. Gleiss, **B. Riedel**, U. Geyer, U. Lemmer, and M. Gerken, *Far Field Calculations and Experimental Characterization of Nanostructured OLEDs*, 2009 3rd ICTON Mediterranean Winter Conference, Angers, Frankreich (2010).
- **B. Riedel**, *Methods for Increasing the Efficiency of Organic Light Emitting Diodes*, Karlsruhe Days of Optics and Photonics, Karlsruhe (2009).
- **B. Riedel**, *ITO-free Organic Light Emitting Diodes on Ta_2O_5/Glass Substrates*, KSOP Autumn Colloquium 2008, Stuttgart (2008).
- **B. Riedel**, J. Hauss, S. Gleiss, U. Lemmer, and M. Gerken, *Nanocolloidal Scattering Particles Integrated in OLEDs*, DPG Frühjahrstagung, Berlin (2008).
- J. Hauss, S. Gleiss, U. Geyer, **B. Riedel**, U. Lemmer, and M. Gerken, *Nanostructures to Enhance Light Extraction from OLEDs*, DPG Frühjahrstagung, Berlin (2008).

- **B. Riedel**, J. Hauss, K. Dopf, U. Lemmer, and M. Gerken, *Nanocolloidal Scattering Particles Embedded in Polymer Light Emitting Diodes*, Light Scattering: Mie and More, Karlsruhe (2008).

- **B. Riedel**, *Raising Efficiency of Polymer Light Emitting Diodes via Nanocolloidal Scattering Particles*, KSOP Summer School, Bad Herrenalb (2008).

- **B. Riedel**, J. Hauss, U. Lemmer, and M. Gerken, *Incorporating Nanocolloidal Particles in Polymer Light Emitting Devices*, International Symposium Technologies for Polymer Electronics - TPE 08, Rudolstadt (2008).

- **B. Riedel**, *Raising efficiency of OLEDs via nanocolloidal scattering particles*, Karlsruhe Days of Optics and Photonics, Karlsruhe (2007).

- **B. Riedel**, *Raising efficiency of OLEDs via nanocolloidal scattering particles*, KSOP Autumn Colloquium 2007, Oberkochen (2007).

- J. Hauss, **B. Riedel**, U. Geyer, S. Peters, M. Stroisch, U. Lemmer, and M. Gerken, *Enhanced Light Extraction from Organic LEDs*, International Summer School, Thin Solid Films for OLED-s and Optoelectronic Applications, Krutyn, Polen (2007).

Patente

- **Boris Riedel**, Martina Gerken, Uli Lemmer, Julian Hauß, *Ladungsträger-Transportschicht, Verfahren zu ihrer Herstellung und elektrooptisches Bauelement*, Europäische Patentanmeldung 09010783.0-1235 (22.08.2009).

- **Boris Riedel**, Martina Gerken, Uli Lemmer, Julian Hauß, *Charge-carrier transport layer for an electro-optical component, method for its production and electro-optical component*, US-Patentanmeldung US 12/860,429 (20.08.2010).

Betreute Arbeiten

- Yuxin Shen, *Tailored highly transparent composite PEDOT:PSS-nanoparticle layers for efficient polymer light emitting diodes*, Masterarbeit, KSOP M.Sc. Program (2010).

- Inga Kaiser, *Steigerung der Auskoppeleffizienz von organischen Leuchtdioden durch raue Glassubstrate*, Studienarbeit, Elektrotechnik und Informationstechnik (2010).

- André Gall, *Spannungskontrastmikroskopie an optoelektronischen Bauteilen*, Diplomarbeit, Physik (2009).

- Markus Aichholz, *Optimierung polymer-basierter organischer Leuchtdioden mittels Nanopartikel*, Studienarbeit, Elektrotechnik und Informationstechnik (2009).

- Xiaochen Tang, *Untersuchung optischer und elektrischer Eigenschaften ITO-freier OLEDs mit Nanopartikel*, Studienarbeit, Elektrotechnik und Informationstechnik (2009).

- Johanna Gütlein, *Herstellung, Charakterisierung und Optimierung Indiumzinnoxid-freier organischer Leuchtdioden*, Studienarbeit, Elektrotechnik und Informationstechnik (2009).

Inhaltsverzeichnis

1 Einleitung

Zusammenfassung

Organische Leuchtdioden haben seit ihrer Entdeckung eine rasante Entwicklung hinter sich, deren Ende nicht abzusehen ist. Auch wenn es mittlerweile möglich ist, Bauteile mit einer sehr hohen internen Quanteneffizienz herzustellen, ist das Potential organischer Leuchtdioden aufgrund einer geringen Auskoppeleffizienz noch nicht ausgeschöpft.
Es werden verschiedene, nano- und mikrotechnologische Methoden zur Steigerung der Auskoppeleffizienz von organischen Leuchtdioden eingeführt und die Prinzipien der in dieser Arbeit verwendeten, neuartigen Ansätze näher diskutiert.
Eine Gliederung gibt dem Leser einen Überblick über die einzelnen Kapitel dieser Arbeit.

1.1 Motivation

"There's plenty of room at the bottom". Mit diesem Satz gab der US-amerikanische Physiker und Nobelpreisträger Richard Feynman im Jahr 1959 einen Ausblick auf den neuartigen Forschungsbereich der Nanotechnologie [1]. Auch wenn es noch bis zum Jahre 1974 dauern sollte, bis der eigentliche Begriff geprägt wurde, so wurde das Bearbeiten und Manipulieren von Materialien im Mikrometer- und Nanometer-Maßstab immer wichtiger.

Eine etwas untergeordnete Rolle spielten in dieser Zeit organische elektrolumineszente Materialien. Zwar wurden organische Fotoleiter schon ab 1970 in Trommeln von Kopiergeräten eingesetzt, jedoch nahm erst nach der Entdeckung von leitfähigen Polymeren durch Shirakawa, MacDiarmid und Heeger im Jahre 1976 die Bedeutung von organischen Halbleitern in der Optoelektronik langsam zu [2, 3]. Und ohne die geeigneten Technologien und Materialien wäre es für Van Slyke und Tang in der Dekade ab 1980 unmöglich gewesen, die ersten, gut funktionierenden organischen Leuchtdioden (OLEDs) herzustellen [4]. Die Doppelschichtstruktur aus Small Molecules (siehe Kapitel 2.1.1) war ein erster Schritt in Richtung eines effizienten organischen Bauteils. Mit einer komplexen Doppelheterostruktur gelang es der Gruppe um Adachi, die Effizienzen der OLEDs weiter zu steigern [5]. Die Pionierarbeit der Entwicklung von OLEDs auf Polymerbasis ist der Gruppe um Friend zuzuschreiben [6,7]. Dabei handelte es sich weitgehend um fluoreszente Emittermaterialien, die eine begrenzte interne Quanteneffizienz besaßen. Diese Tatsache beschleunigte die Forschungsaktivitäten für phosphoreszente Emitter, und so wurde von Forrest und Mitarbeitern im Jahre 2001 über eine interne Quanteneffizienz von fast 100 % für eine Small Molecule-OLED berichtet [8,9]. Ebenso wurden auch polymere phosphoreszente Emitter entwickelt und erfolgreich in OLEDs eingesetzt [10]. Eine weitere Verbesserung in der Effizienz brachte der Einsatz dotierter Schichten, um eine p-i-n-Struktur zu erzeugen, was eine verbesserte Ladungsträgerinjektion und somit eine Erhöhung der internen Quanteneffizienz zur Folge hatte [11, 12]. Die Entwicklung der internen Quanteneffizienz ist schematisch in Abbildung 1.1) angedeutet.

Dieser rasante Fortschritt weitete sich auch auf die anderen Gebiete der organischen Elektronik aus. So wurden nach und nach nicht nur anorganische Leuchtdioden (LEDs), sondern auch Solarzellen, Fotodetektoren und Laser um ihre organischen Pendants erweitert. Diese organischen Bauelemente können heute prinzipiell großflächig, kostengünstig und sogar auf flexiblen Substraten hergestellt werden.

Allerdings ist keines der organischen optoelektronischen Bauteile bisher in der Entwicklung soweit vorangeschritten wie die OLEDs. Da es praktisch eine unbegrenzte Anzahl von verschiedenen organischen Molekülen gibt, ist es möglich, mit OLEDs den gesamten sichtbaren Spektralbereich abzudecken. Durch neue Struktu-

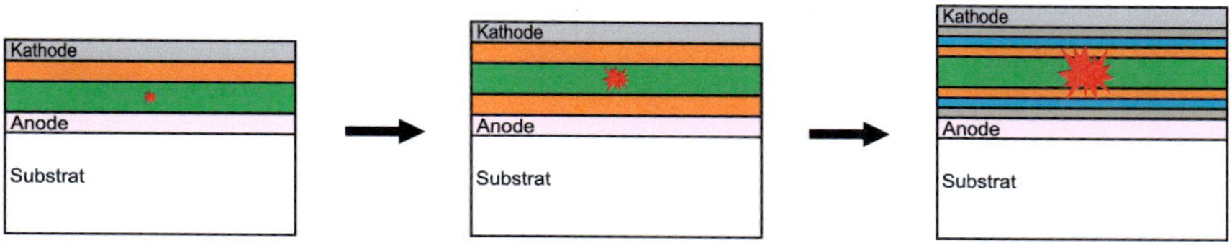

Abbildung 1.1: Die ersten OLEDs hatten einen relativ einfachen Schichtaufbau. Nach und nach wurden neue Materialien und verbesserte Schichtsysteme entwickelt bis zuletzt die p-i-n-OLED mit vielen unterschiedlichen, dotierten Schichten und einer stark verbesserten internen Quanteneffizienz realisiert wurde.

rierungsmöglichkeiten [13] und mit verbesserten Ansteuerungen ausgestattet, eignen sich OLEDs mit ihren sehr kurzen Schaltzeiten hervorragend für den Einsatz in Displays [14]. Da OLEDs selbstleuchtend sind, zeichnen sich solche Displays durch einen hohen Kontrast, eine dünne Bauweise und eine gute Effizienz aus. Zudem ist ihre Bildqualität aufgrund der Lambertschen Abstrahlcharakteristik der OLEDs weitestgehend unabhängig vom Betrachtungswinkel. Inzwischen sind OLEDs nicht nur in kleineren Displays für Autoradios, MP3-Playern und Smartphones zu finden, sondern auch in immer größer werdenden TV-Displays [15, 16]. Schätzungsweise wird diese Technologie im Jahr 2015 mit ca. 10 bis 15 Millionen verkauften OLED-Fernsehern den LCD- und Plasma-Displays gegenüber konkurrenzfähig sein [17]. Dabei wird der Umsatz mit OLED-Displays im Jahr 2016 voraussichtlich auf ca. 7 Mrd. US-Dollar steigen [18]. Auch in anderen Anwendungen wie z. B. head-up Displays lassen sich transparente OLEDs vorteilhaft einsetzen.

Selbst in der Allgemeinbeleuchtung haben OLEDs mittlerweile Einzug gehalten. So hat Osram zusammen mit BASF 2008 und Philips 2009 die ersten weißen OLED-Leuchten vorgestellt [19]. Obwohl sie im Moment noch eher im Nischenmarkt der exklusiven Designerleuchten zu finden sind, werden sie nach und nach einen immer wichtigeren Stellenwert einnehmen. Dies liegt einerseits an den immer besser werdenden Effizienzen und andererseits an der guten Einstellbarkeit der Farbtemperatur. Des Weiteren wird an der Entwicklung und Produktion einer sogenannten Leuchttapete gearbeitet. Dabei handelt es sich im Wesentlichen um eine großflächige, sehr dünne, flexible OLED, die zur Raumbeleuchtung an Wänden und Decken angebracht würde. Im Falle von transparenten OLEDs könnte diese Leuchttapete sogar auf Fenstern zum Einsatz kommen, wo sie tagsüber Sonnenlicht durchließe und bei Nacht als diffuse Lichtquelle fungierte.

Trotz der rasanten Entwicklung der OLEDs an sich und was ihre industriellen Anwendungsmöglichkeiten anbelangt, gibt es jedoch noch großen Forschungsbedarf, was die Lebensdauer der Bauteile angeht. Eine effiziente Verkapselung ist daher in jedem Fall notwendig, darf jedoch die Anwendung so wenig wie möglich einschränken [20]. Auch die unterschiedlichen Lebensdauern der einzelnen Emittermaterialien stellen noch ein Problem dar, da sie zu Änderungen in der Farbwiedergabe der OLED führen [21].

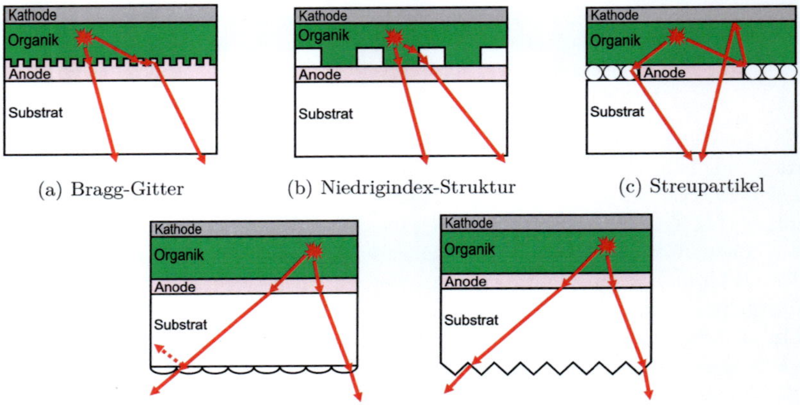

(a) Bragg-Gitter (b) Niedrigindex-Struktur (c) Streupartikel

(d) Mikrolinsen (e) umgedrehte Mikropyramiden

Abbildung 1.2: Typische Vertreter von periodischen und nicht-periodischen Strukturen zur Auskopplung von geführten Moden und Substratmoden in OLEDs: Mit einer periodisch nanostrukturierten Anode (a), mit zwischen Anode und Organik eingebrachten Niedrigindex-Mikrostrukturen (b) und mit auf die Anode aufgebrachten Streupartikeln (c) lassen sich geführte Moden extrahieren. Substratmoden lassen sich vergleichsweise einfach mit auf die Außenseite aufgebrachten Nano-, bzw. Mikrostrukturen wie z. B. Mikrolinsen (d), Mikropyramiden (e) oder durch Aufrauen auskoppeln.

Insbesondere die Auskoppeleffizienz einer OLED, die aufgrund ihrer flachen und dünnen Bauweise als planarer Wellenleiter betrachtet werden kann, ist noch gering. Zu den optischen Verlusten tragen sowohl der Anteil an Photonen, der innerhalb der OLED durch Wellenleitung geführt wird, als auch das Licht, welches im Substrat durch Totalreflexion gefangen ist, bei (siehe Kapitel 2.2.4). Um Wellenleitung zu unterbinden, wurden in der Literatur schon diverse Ansätze vorgeschlagen und umgesetzt. Eine Methode ist z. B. die periodische Nanostrukturierung der Anode oder der organischen Schichten [22–24], wie in Abbildung 1.2(a) gezeigt. Auch Mikrostrukturen aus einem Material mit niedrigerem Brechungsindex [25–27] oder Streupartikel [28], die in die organischen Schichten integriert werden, können die Auskoppeleffizienz verbessern (siehe Abbildung 1.2(b) und 1.2(c)).

Eine etablierte Methode, um wiederum Substratmoden aus der OLED herauszustreuen, ist die Modifikation der Substrataußenseite durch aufgebrachte Mikrolinsen [29–34], Mikrostrukturen [35, 36], Streuschichten [28, 37, 38] oder Aufrauen durch Sandstrahlen [39]. Die Mikrolinsen sind in Abbildung 1.2(d) und die pyramidalen Mikrostrukturen in Abbildung 1.2(e) dargestellt. Eine gute Übersicht über verschiedene Techniken zur Erhöhung der Auskoppeleffizienz bietet [40].

Der Gruppe um Leo gelang es 2009, die bislang höchste Effizienz von ca. 90 lm/W für weiße OLEDs zu erzielen. Dabei wurden durch komplexe, dotierte Transportschichten nicht nur die interne Quanteneffizienz maximiert, sondern durch ein hochbrechendes Substratmaterial bzw. durch Mikrostrukturierung der Substrataußenseite die Auskopplungseffizienz stark erhöht [41]. Eine derart hohe Effizienz ist nur im Laborbetrieb zu realisieren, die eingesetzten Substrate sind für die industrielle OLED-Produktion zu teuer. Daher muss an anderen geeigneten Ansätzen zur Auskopplung gearbeitet werden, die einerseits die Fertigung im großen Massstab zulassen und andererseits dennoch die Effizienz der OLEDs steigern.

1.2 Ziele dieser Arbeit

Im Rahmen dieser Arbeit sollen verschiedenen Methoden zur Effizienzsteigerung von OLEDs untersucht werden. Zum einen werden bottom-up-Methoden erforscht, bei denen die Modifikation direkt bei der OLED-Herstellung erfolgt, zum anderen werden top-down-Ansätze studiert, bei denen vor der eigentlichen OLED-Herstellung die Substrate nanostrukturiert werden.

Im ersten Fall handelt es sich um Schichten bzw. Cluster aus anorganischen Nanopartikeln, die an verschiedenen Positionen (Grenzschicht Anode/Organik, innerhalb der Organik und Grenzschicht Organik/Kathode) innerhalb der OLEDs eingebettet werden, wie in Abbildung 1.3 schematisch dargestellt. Die relativ dicken Nanopartikelschichten bewirken einerseits eine Veränderung in den optischen Eigenschaften der OLEDs, was sich positiv auf die Auskoppeleffizienz auswirkt und können zudem als Matrix für größere Streupartikel genutzt werden. Die Nanopartikel-Cluster an der Kathode erweisen sich als äußerst effektiv, um die interne Quanteneffizienz der OLEDs zu steigern. Bei den zwei top-down-Ansätzen wird zum einen eine dicke Hochindexschicht auf das Substrat aufgebracht und mit einem Bragg-Gitter versehen und zum anderen wird das Glassubstrat aufgeraut und mit einer dünnen

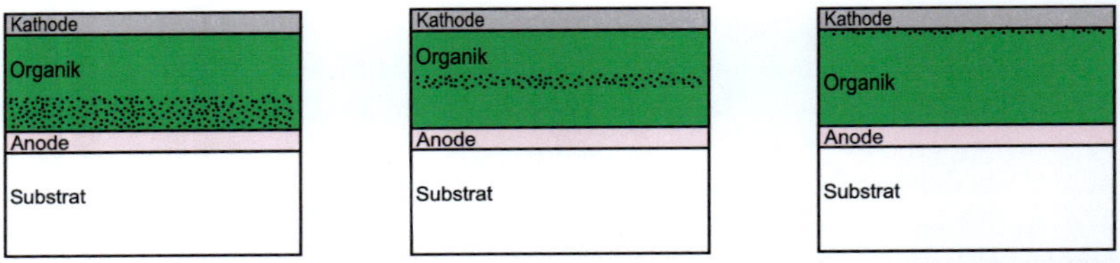

(a) Nanopartikelschicht zwischen Anode und Organik

(b) Nanopartikelschicht innerhalb Organik

(c) Nanopartikel-Cluster zwischen Organik und Kathode

Abbildung 1.3: Die Nanopartikel befinden sich als relativ dicke Schichten zwischen Anode und Organik (a) und innerhalb der Organik (b). Als Nanopartikel-Cluster sind sie zwischen Organik und Kathode lokalisiert (c).

Hochindexschicht bedampft (siehe Abbildung 1.4(a) und 1.4(b)). Beide Methoden bewirken, dass nicht nur die Wellenleitung innerhalb der organischen Schichten minimiert wird, sondern auch Licht aus dem Substrat extrahiert wird. Somit können durch eine Bauteilmodifikation beide Verlustkanäle verringert werden.

Insbesondere die Druck- und Beschichtungstechniken werden ein großes Produktionsvolumen innerhalb der nächsten zehn Jahre ermöglichen. Eine der Herausforderungen wird dabei sein, Auskoppeltechnologien ebenfalls schnell und im großen Massstab parallel zur OLED-Herstellung an oder in die OLED zu bringen. Dabei ist es vor allem wichtig, die Vor- und Nachteile der verschiedenen Auskoppeltechniken zu kennen, um beurteilen zu können, ob und wie sie sich für die jeweilige OLED-Produktion eignen.

1.3 Gliederung

Zunächst werden in Kapitel 2 die Grundlagen organischer Halbleiter und ihrer Verwendung in OLEDs behandelt. Insbesondere werden die elektrischen und optischen Eigenschaften sowie die Verlustmechanismen von OLEDs erläutert. Kapitel 3 befasst sich mit den verwendeten Materialien, beschreibt die einzelnen Herstellungsschritte und stellt die Charakterisierungsmethoden der OLEDs vor. In den folgenden Ergebniskapiteln werden jeweils spezielle Methoden vorgestellt, mit denen sich die Effizienzen von OLEDs steigern lassen. Die Kapitel 4 bis 6 befassen sich mit den bereits angesprochenen bottom-up-Methoden, bei denen Nanopartikel in die OLEDs eingebracht werden. In den Kapiteln 7 und 8 werden die zwei top-down-Methoden zur speziellen Nanostrukturierung der Substrate bzw. der Hochindexschichten behandelt. In Kapitel 9 werden die verschiedenen Methoden bewertet, und es wird ein

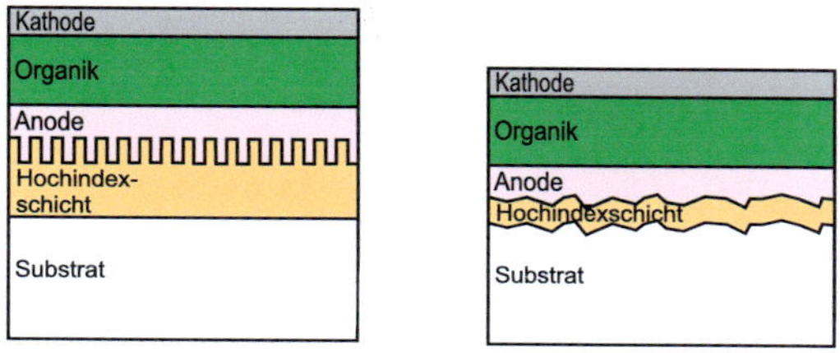

(a) periodische Nanostrukturierung einer dicken Hochindexschicht

(b) nicht-periodische Strukturierung der Substratinnenseite

Abbildung 1.4: Eine relativ dicke, periodisch nanostrukturierte Hochindexschicht ist zwischen Substrat und OLED aufgebracht (a). Auf die aufgeraute Substratoberfläche ist eine dünne Hochindexschicht aufgebracht (b). Beide OLED-Typen können sowohl Licht aus den Wellenleiterschichten als auch aus dem Substrat auskoppeln.

Ausblick auf zukünftige Konzepte zur Erhöhung der Auskoppeleffizienz von OLEDs gegeben.

2 Grundlagen

Zusammenfassung

In diesem Einführungskapitel wird die Materialklasse der organischen Halbleiter vorgestellt. Es werden ihr Aufbau und ihre grundlegenden optischen und elektrischen Eigenschaften behandelt, um ein besseres Verständnis für den bislang bekanntesten Vertreter der organischen Bauelemente, die organischen Leuchtdioden, zu entwickeln.
OLEDs bilden den Kern dieser Arbeit. Ihr Aufbau und ihr Funktionsprinzip werden erläutert und die zu ihrer Bewertung verwendeten Kenngrößen und lichttechnischen Größen besprochen.
Des Weiteren werden die elektrischen und optischen Verlustmechanismen diskutiert und quantifiziert.
Um die einzelnen Ergebnisse in ein Gesamtbild einordnen zu können, wird am Ende dieses Kapitels noch ein kurzer Überblick über die bisherigen Meilensteine in der OLED-Technologie gegeben.

2.1 Organische Halbleiter

In der Chemie versteht man unter organischen Verbindungen Moleküle, die als wesentlichen Bestandteil Kohlenstoffatome enthalten. Eine Unterklasse dieser organischen Verbindungen bilden die organischen Halbleitermaterialien, die aufgrund ihres molekularen Aufbaus Halbleitereigenschaften aufweisen. Diese liegen in den sogenannten π-Elektronensystemen der Moleküle begründet [42]. Die strukturellen sowie die optischen und elektrischen Eigenschaften organischer Halbleiter werden in den nachfolgenden Abschnitten behandelt.

2.1.1 Hybridisierung des Kohlenstoffatoms

Ein freies Kohlenstoffatom besitzt insgesamt sechs Elektronen, die in der Konfiguration $1s^2 2s^2 2p^2$ vorliegen. Dabei sind das 1s- und das 2s-Orbital je mit zwei Elektronen und zwei der drei 2p-Orbitale mit je einem Elektron besetzt, wie in Abbildung 2.1 zu sehen ist. Daher müsste das Kohlenstoffatom zweibindig sein. In der Tat kann das Kohlenstoffatom vier Bindungen eingehen, indem sich seine 2s- und 2p-Orbitale zu energiegleichen Orbitalen vermischen. Diesen Vorgang nennt man Hybridisierung [43]. Im Folgenden werden die drei unterschiedlichen Formen der Hybridisierung des Kohlenstoffatoms betrachtet:

- **sp^3-Hybridisierung**
  Aus dem 2s- und den drei 2p-Orbitalen entstehen vier gleichwertige $2sp^3$-Orbitale (siehe Abbildung 2.2(a)). Wie in Abbildung 2.2(d) für das Molekül Ethan zu sehen ist, ist ein Kohlenstoffatom jeweils mit einem anderen Kohlenstoffatom und drei Wasserstoffatomen gebunden. Diese Bindungen, die tetraedrisch angeordnet sind, werden als σ-Bindungen bezeichnet.

- **sp^2-Hybridisierung**
  Aus dem 2s-Orbital und zwei 2p-Orbitalen eines Kohlenstoffatoms bilden sich in einer Ebene liegend drei energiegleiche $2sp^2$-Orbitale. Das dritte 2p-Orbital steht senkrecht auf der Ebene der drei $2sp^2$-Orbitale (siehe Abbildung 2.2(b)). Im Falle von Ethen (siehe Abbildung 2.2(e)) sind beide Kohlenstoffatome sp^2-hybridisiert wodurch sich insgesamt sechs $2sp^2$-Orbitale in einer Ebene ergeben. Von diesen bilden vier eine σ-Bindung zu vier Wasserstoffatomen aus, die verbliebenen zwei bilden durch Überlappung eine σ-Bindung zwischen den zwei Kohlenstoffatomen aus. Aus den beiden $2p_z$-Orbitalen, die senkrecht zur Ebene der $2sp^2$-Orbitale stehen, bildet sich durch Überlappung oberhalb und unterhalb der σ-Bindung ein neues Molekülorbital aus. Die entsprechende Bindung

nennt man π-Bindung. Sie zeichnet sich insbesondere durch die Delokalisation ihrer π-Elektronen aus.

- **sp-Hybridisierung**
  Aus einem 2s- und einem 2p-Orbital bilden sich zwei 2sp-Orbitale, welche mit einem der beiden p-Orbitale, welches energetisch unverändert ist, in einer Ebene liegen (siehe Abbildung 2.2(c)). Das zweite p-Orbital steht senkrecht auf dieser Ebene. Bei Ethin, wie in Abbildung 2.2(f) gezeigt, überlappen zwei 2sp-Orbitale der Kohlenstoffatome und zwei 2sp-Orbitale mit den 1s-Orbitalen der Wasserstoffatome, wobei sich σ-Bindungen bilden. Die vier 2p-Orbitale des Ethin-Moleküls bilden zwei π-Bindungen, wobei sich die 2p-Orbitale paarweise überlappen.

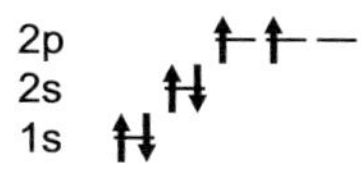

Abbildung 2.1: Die Elektronenkonfiguration des Kohlenstoffatoms im Grundzustand.

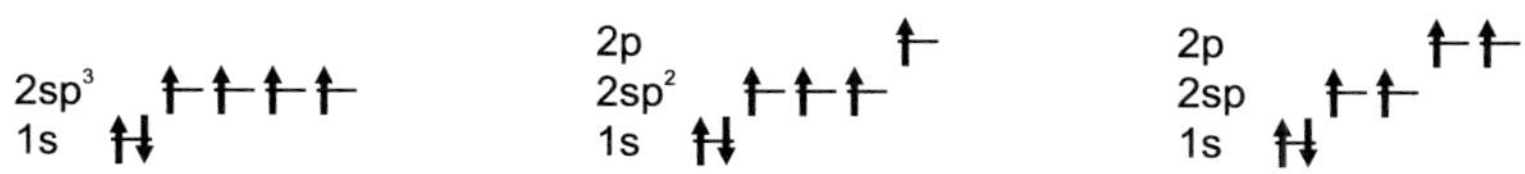

(a) sp^3-Hybridisierung (b) sp^2-Hybridisierung (c) sp-Hybridisierung

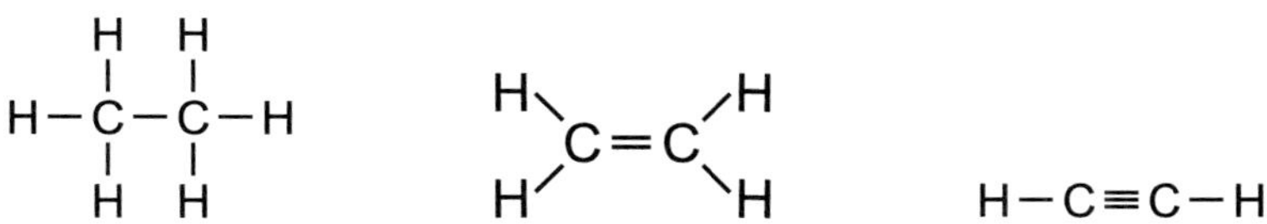

(d) Ethan (e) Ethen (f) Ethin

Abbildung 2.2: Die sp^3- (a), sp^2- (b) und sp-Hybridisierungen (c) des Kohlenstoffatoms mit den jeweiligen Vertretern Ethan (d), Ethen (e) und Ethin (f).

Organische Verbindungen, die nur σ-Bindungen aufweisen sind elektrisch nicht leitend. Das liegt daran, dass sich diese Bindungen bei Raumtemperatur im Grundzustand befinden und somit keine freien Ladungsträger zur Verfügung stehen. Sie werden daher auch als mechanisch flexibles Isolatormaterial verwendet.

Im Gegensatz dazu können organische Moleküle, die abwechselnd eine σ- und eine π-Bindung aufweisen, sehr wohl leitfähig sein. Ein bekannter Vertreter dieser sogenannten konjugierten π-Elektronensysteme ist das in Abbildung 2.3 dargestellte Polymer PPV (Poly(p-Phenylen-Vinylen)). Typischerweise sind die σ-Bindungen für die mechanische Stabilität verantwortlich. Durch die schwächer gebundenen und dadurch delokalisierten π-Elektronen wird das organische Molekül elektrisch leitfähig.

Aufgrund seiner geringen Bindungsenergie (ca. 1 eV) kann ein π-Elektron durch elektrische oder optische Anregung vom bindenden π-Orbital in das antibindende π^*-Orbital gehoben werden. Das π-Orbital wird dabei auch als höchstes besetztes Molekülorbital (engl. *highest occupied molecular orbital - HOMO*) und das π^*-Orbital als niedrigstes unbesetztes Molekülorbital (engl. *lowest unoccupied molecular orbital - LUMO*) bezeichnet. Die so entstehende Energielücke zwischen HOMO und LUMO führt zu den halbleitenden Eigenschaften der konjugierten π-Elektronensysteme.

Zwei Vertreter dieser Materialklasse werden in den folgenden zwei Abschnitten vorgestellt. Für eine detailliertere Behandlung sei an dieser Stelle auf [44, 45] verwiesen.

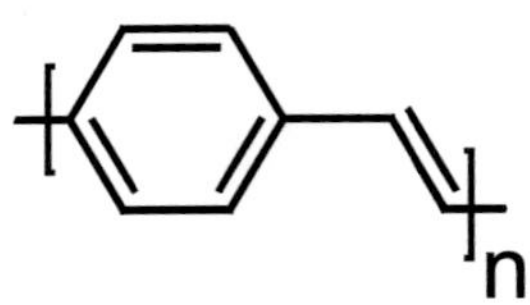

Abbildung 2.3: Strukturformel eines bekannten Vertreters der Polymere PPV (Poly(p-Phenylen-Vinylen)).

Polymere

Polymere sind Makromoleküle, die aus vielfach aneinander gehängten, gleichen oder gleichartigen Einheiten, den sogenannten Monomeren, bestehen. In Abbildung 2.3 ist dies durch eckige Klammern angedeutet. Je nach Struktur, Anzahl und Aufbau der Seitengruppen lassen sich so maßgeschneiderte Polymere synthetisieren, die sich sowohl in ihren elektrischen und optischen Eigenschaften, als auch in ihrer Löslichkeit und Handhabbarkeit gezielt einstellen lassen. Das oben bereits erwähnte Polymer PPV mit all seinen Derivaten ist nicht mehr aus der OLED-Technologie wegzudenken. Des Weiteren gibt es Polymere wie beispielsweise das Polyfluoren (PFO), das auch bei den organischen Lasern eingesetzt wird [46,47] und das Poly(3-Hexylthiophen) (P3HT), das in organischen Solarzellen und Photodioden Verwendung findet [48, 49].

Die in Lösung gebrachten Polymere lassen sich mittels verschiedener Depositionstechniken wie Aufschleudern [50], Rakeln [51], Sprühbeschichtung [52], Siebdruck [44] oder Inkjet-Druck [53] applizieren.

Small Molecules

Neben den Polymeren gibt es eine weitere Klasse von organischen Halbleitern, die aufgrund ihres geringen Molekulargewichts als Small Molecules[1] bezeichnet werden. Sie lassen sich durch thermisches Verdampfen als Schicht abscheiden, was tendenziell aufwändiger als die Flüssigprozessierung ist, aber andere Vorteile birgt. Es ist somit möglich, funktionale Multischichtsysteme aus verschiedenen Materialien [54], oder über Coverdampfung zweier verschiedener Small Molecules dotierte Schichten herzustellen [55, 56].

Zwei bekannte Vertreter dieser Materialklasse sind in Abbildung 2.4 dargestellt. Es handelt sich um das Metallchelat Aluminium-tris(8-Hydroxychinolen) (Alq_3), welches als Elektronenleiter, Emitter und Wirtsmaterial eingesetzt werden kann und den organischen Farbstoff 4-(Dicyanomethylen)-2-methyl-6-(p-dimethylaminostryryl)-4H-pyran (DCM), der als Dotiermaterial Verwendung findet.

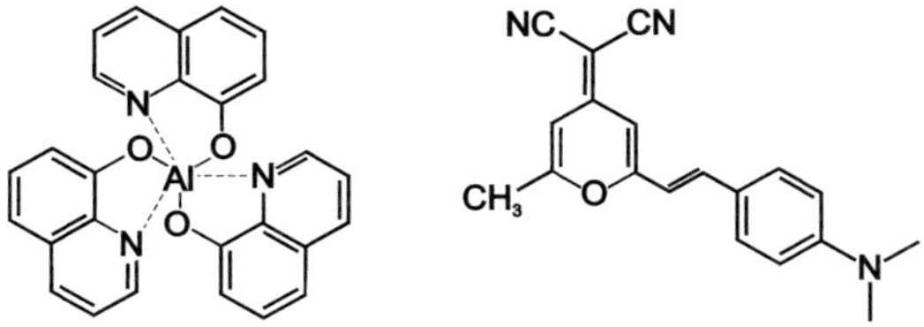

Abbildung 2.4: Strukturformel der bekannten Vertreter der Small Molecules Alq_3 (links) und DCM (rechts).

[1]zu deutsch: kleine Moleküle

2.1.2 Optische Eigenschaften

Die spektralen Eigenschaften organischer Halbleiter hängen von den möglichen Zuständen im Molekül und ihren optischen Übergängen ab, wie in Abbildung 2.5(a) zu sehen ist. Sie zeigt in der Potentialkurvendarstellung den Singulett-Grundzustand S_0 und den ersten angeregten Zustand S_1, sowie verschiedene Vibrations- und Rotationsunterzustände, die innerhalb der elektronischen Zustände liegen. Da sich die Gleichgewichtspositionen der Kerne im Grundzustand vom angeregten Zustand unterscheiden, sind die Minima beider Zustände leicht verschoben. Fällt nun ein Photon mit einer Energie größer als der Bandlücke ein, so wird es vom Molekül nach dem Franck-Condon-Prinzip innerhalb von typischerweise 10^{-15} s absorbiert [57]. Dieser elektronische Übergang erfolgt vertikal, denn die Kernabstände ändern sich aufgrund ihrer relativ großen Masse und der dadurch bedingten Trägheit nicht. Innerhalb von ca. 10^{-13} s relaxiert das Molekül strahlungslos auf das Grundniveau des ersten angeregten Zustandes. Nun kann das Elektron unter Emission eines Photons auf ein beliebiges vibronisches Niveau des Singulett-Grundzustands übergehen. Dabei ist die Energie des emittierten Photons kleiner als die des absorbierten Photons, was sich in der Stokes-Verschiebung der Absorptions- und Emissionsspektren in Abbildung 2.5(b) bemerkbar macht. Bemerkenswert ist dabei die Spiegelsymmetrie der beiden Spektren [58]. Um optische Verluste durch Selbstabsorption zu verringern, sind in OLEDs Materialien mit einer großen Stokes-Verschiebung wünschenswert.

Die verschiedenen Prozesse, die bei der Absorption und Emission von Licht im organischen Molekül eine Rolle spielen, sind in Abbildung 2.6 in einem Jablonski-Diagramm dargestellt. Dabei sind die Singulett-Zustände S_0 bis S_n mit Gesamt-Spin $S = 0$ und die Triplett-Zustände T_1 und T_2 mit Gesamt-Spin $S = 1$ gezeigt. Jeder elektronische Zustand spaltet sich in weitere Unterniveaus auf. Vibronische Niveaus sind als dünne Linien dargestellt, Rotationsniveaus sind aufgrund ihrer geringen Energieunterschiede nicht gezeichnet.

Bei Zimmertemperatur befinden sich die meisten organischen Moleküle im Singulett-Grundzustand S_0. Durch Absorption von Licht wird ein Elektron - entsprechend der Energie des absorbierten Photons - in einen angeregten Singulettzustand S_n angehoben (blaue Pfeile). Innerhalb von 10^{-13} s bis 10^{-11} s relaxiert das Molekül zum niedrigsten angeregten Singulettzustand S_1 (schwarze gepunktete Pfeile), der eine Lebensdauer in der Größenordnung von 10^{-9} s hat. Von diesem Zustand aus erfolgt gemäß der Kasha-Regel der Übergang in den Singulett-Grundzustand S_0 durch Fluoreszenz (grüne Pfeile) oder unter bestimmten Bedingungen auch durch strahlungslose Prozesse (grün gepunktete Pfeile). Bei der Interkombination (engl. *intersystem crossing - ISC*) geht der angeregte Zustand mit Hilfe der Spin-Bahn-Kopplung in einen Triplett-Zustand über (grau gepunktete Pfeile) [42]. Der angeregte Triplett-Zustand T_1 kann nun seine Energie wiederum

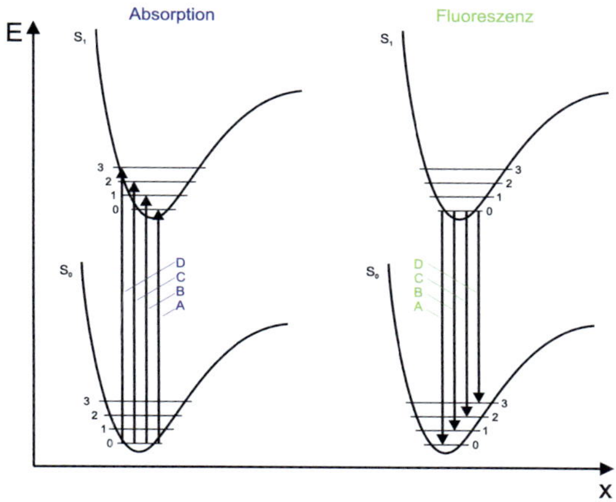

(a) Energetische Zustände und optische Übergänge.

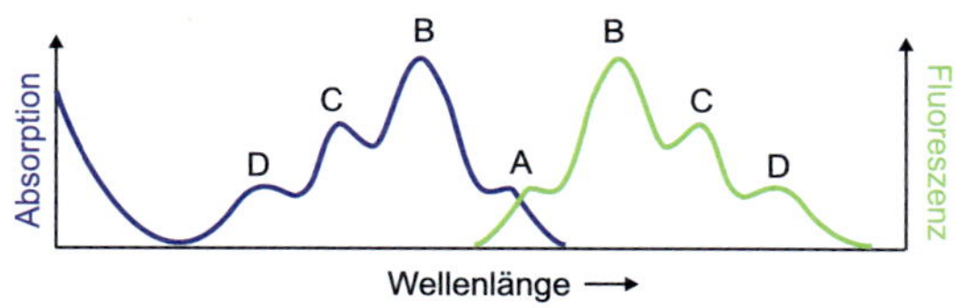

(b) Spektrale Verschiebung von Absorption und Fluoreszenz.

Abbildung 2.5: Absorptions- und Emissionsprozesse von Photonen in einem organischen Molekül. Die optischen Übergänge geschehen nach dem Franck-Condon-Prinzip senkrecht. Die jeweiligen Absorptions- und Emissionsspektren weisen eine hohe Symmetrie auf und sind spektral verschoben.

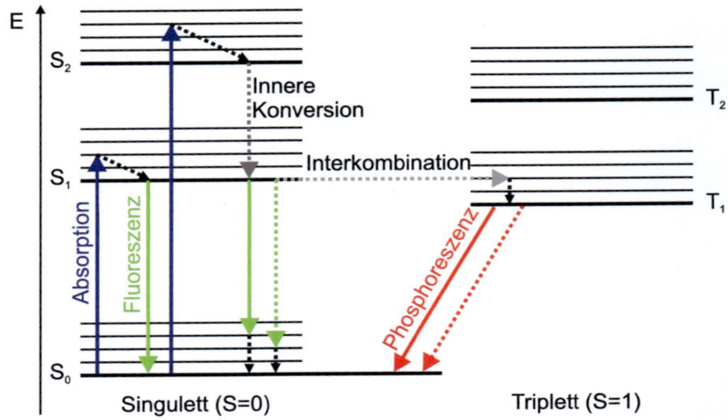

Abbildung 2.6: Jablonski-Diagramm: Ein organisches Molekül kann vom Singulett-Grundzustand durch Absorption eines Photons in höhere Singulett-Zustände gelangen (blaue Pfeile). Von dort kann es durch Fluoreszenz (grüne Pfeile) oder Phosphoreszenz (roter Pfeil) strahlend oder nichtstrahlend (gepunktete Pfeile) in den Grundzustand relaxieren.

strahlungslos (rot gepunkteter Pfeil) oder mithilfe der Spin-Bahn-Kopplung über Phosphoreszenz (roter Pfeil) abgeben. Im Vergleich zum Singulett-Zustand S_1 ist seine Lebensdauer sehr groß (10^{-6} s bis 10^2 s). Je stärker die Spin-Bahn-Kopplung im Molekül ausgeprägt ist, desto wahrscheinlicher ist die Interkombination und somit auch die Phosphoreszenz. Daher enthalten phosphoreszente Emittermaterialien Schweratomkomplexe, um durch die erhöhte Spin-Bahn-Kopplung die Materialien effizienter zu machen [8].

2.1.3 Elektrische Eigenschaften

Im Folgenden Abschnitt werden grundlegenden elektrischen Eigenschaften organischer Halbleiter behandelt. Dazu gehören vor allem die Ladungsträgerinjektion und deren Transport, sowie der Energietransfer.

Ladungsträgerinjektion

Die Ladungsträgerinjektion von einer Elektrode in einen organischen Halbleiter kann in zwei Bereiche unterteilt werden. In dem einen Bereich ist der Strom injektionslimitiert (engl. *injection limited current - ILC*), in dem anderen Bereich ist er raumladungslimitiert (engl. *space-charge limited current - SCLC*). Sobald die Betriebsspannung der OLEDs erreicht ist, ist der Einfluss der Injektionsbarriere vernachlässigbar und der Strom ist nur noch durch sich ausbildende Raumladungen begrenzt. Dennoch soll hier kurz auf verschiedene Modelle, die die Ladungsträgerinjektion im ILC-Regime beschreiben, eingegangen werden (siehe Abbildung 2.7).

Im Normalfall ist der Metall-Halbleiter-Kontakt nicht ohmsch, sondern bildet eine Energie-Barriere aus, welche die Ladungsträger zu überwinden haben. Dies kann durch thermionische Emission geschehen, indem die Ladungsträger thermische Energie zur Überwindung der Barriere ausnutzen. Mit diesem Modell wurde ursprünglich die Emission von Elektronen aus einem Metall ins Vakuum, und später die Injektion von einem Metall in einen anorganischen Halbleiter beschrieben. Dabei wird angenommen, dass sich die Ladungsträger frei im Leitungsband bewegen können, was für amorphe organische Halbleiter nicht ganz zutreffend ist [59,60].

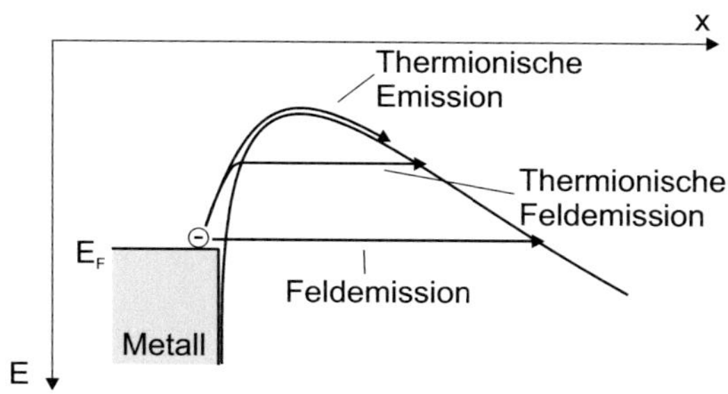

Abbildung 2.7: Ein Metall-Halbleiter-Kontakt bildet eine Schottky-Barriere aus. Diese kann von einem Ladungsträger durch thermionische Emission, Feldemission oder deren Kombination überwunden werden.

Ein weiteres Modell ist das der Feldemission, welches auch unter dem Namen Fowler-Nordheim-Tunnelinjektion bekannt ist. Es geht davon aus, dass bei ausreichend hoher Feldstärke der räumliche Abstand zwischen HOMO (bzw. LUMO) des organischen Halbleiters und den besetzten Zuständen des Metalls so klein wird, dass die Ladungsträger durchtunneln können [60–62]. Auch dieses Modell geht von frei beweglichen Ladungsträgern aus.

Die Kombination beider Prozesse wird thermionische Feldemission genannt. Ein Ladungsträger wird durch thermische Energie zunächst energetisch angehoben, bevor er die verkleinerte Schottky-Barriere durchtunnelt. Im Scott-Malliaras-Modell wird die Ladungsträgerinjektion als Hopping-Prozess[2] unter Einfluss eines elektrischen Feldes behandelt. Für weitere Details sei an dieser Stelle auf [63–65] verwiesen.

Ladungsträgertransport

Wie die Ladungsträgerinjektion wird auch der Ladungsträgertransport im organischen Halbleiter am besten durch ein Hopping-Prozess-Modell beschrieben [65]. Dabei wird davon ausgegangen, dass die injizierten oder durch Lichtabsorption gebildeten Ladungsträger auf einem konjugierten Molekül delokalisiert sind und sich auf dessen HOMO bzw. LUMO frei bewegen können [66,67]. Die meisten Small Molecules und Polymere weisen jedoch keine langreichweitige Translationssymmetrie auf. Insbesondere bei Polymeren beschränkt sich die Konjugationslänge aufgrund von Verunreinigungen, Knicken und Drehungen im Molekül auf wenige Nanometer [68]. Da eine dünne Schicht aus einer Vielzahl von Molekülen besteht, ergibt sich eine inhomogene Verteilung der lokalisierten Transportzustände der Elektronen und Löcher [69]. Somit unterliegen die dadurch induzierten Polarisationseffekte einer statistischen Verteilung, die sich wiederum in der Verteilung der Hüpfwahrscheinlicheiten der Ladungsträger von Molekül zu Molekül spiegeln. Im Bässler-Modell, mit dem sich der Hopping-Transport sehr gut physikalisch modellieren lässt, betrachtet man die möglichen energetischen Zustände der Ladungsträger, also die HOMO- und LUMO-Niveaus, als gaußverteilt (siehe Abbildung 2.8). Die Ladungsträger können dann abhängig von der Energiedifferenz und dem räumlichen Abstand der Zustände, der Temperatur und der Feldstärke von einem Zustand zum anderen tunneln, bzw. hüpfen.

Diese Tatsache begrenzt die Ladungsträgerbeweglichkeiten in organischen Halbleitern erheblich [70]. Sie liegt typischerweise im Bereich von $\mu = 10^{-8}$ - 10^{-1} $cm^2V^{-1}s^{-1}$, wobei die Beweglichkeit von Elektronen in den meisten Materialien aufgrund ihrer erhöhten Anfälligkeit für Fallenzustände (engl. *traps*) rund 10 - 100-fach kleiner ist als die Löcherbeweglichkeit [45]. Im Vergleich dazu können aufgereinigte organische Kristalle wie z. B. Pentacen Beweglichkeiten von $\mu = 2{,}4\ V^{-1}s^{-1}$ aufweisen [70]. Pentacen spielt jedoch für OLEDs keine Rolle und wird eher in organischen Feldeffekt-Transistoren eingesetzt.

Energietransfer

Neben dem Ladungstransfer gibt es noch weitere Möglichkeiten, um Energie zwischen Molekülen zu übertragen. Da diese Transfermethoden insbesondere bei dotierten Materialsystemen wie z. B. Alq3:DCM der Fall ist, werden sie hier nur kurz umrissen. Eine tiefergehende Behandlung ist in [71, 72] zu finden.

[2] zu deutsch: springen, hüpfen

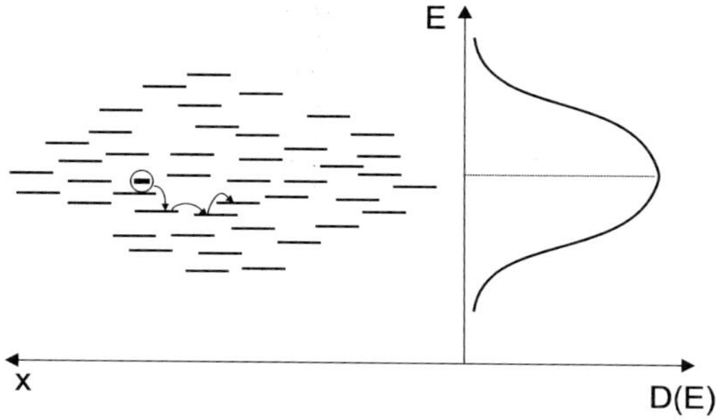

Abbildung 2.8: Schematische Darstellung des Hopping-Transports von Ladungsträgern im organischen Halbleiter. Die energetischen Zustände sind gaußverteilt. Die Beweglichkeit der Ladungsträger ist unter anderem durch den räumlichen und energetischen Abstand der Zustände, durch die Temperatur und das elektrische Feld bestimmt.

Beim Förster-Transfer wird Energie strahlungslos von einem Donator- zu einem Akzeptormolekül übertragen. Der zugrundeliegende physikalische Prozess ist eine resonante Dipol-Dipol-Wechselwirkung bei der die jeweiligen Spins beider Moleküle erhalten bleiben. Dabei ist die Effizienz des Förster-Transfers abhängig vom Überlapp der Emissions- bzw. Absorptionsspektren der beteiligten Moleküle, ihrem Abstand und ihrer Orientierung. Die Reichweite liegt je nach Materialsystem bei ca. 3 - 4 nm. Der Dexter-Transfer liegt mit ca. 1 nm Reichweite deutlich darunter. Er basiert auf einem simultanen Austausch von Ladungsträgern von Molekül zu Molekül, wobei nur der Gesamtspin erhalten bleibt [73].

2.2 Organische Leuchtdioden

Organische Halbleitermaterialien erobern aufgrund ihrer Vielfalt und ihrer kostengünstigen Verarbeitungsmöglichkeiten mehr und mehr den Anwendungsbereich, der vor einigen Jahren allein den anorganischen Halbleitern vorenthalten war. So gibt es neben organischen Leuchtdioden mittlerweile organische Transistoren [74], Laser [75], Photodetektoren [76] und Solarzellen [77]. Letztere sind bereits kommerziell von der Firma Konarka erhältlich [78]. Jedoch ist von allen genannten Anwendungen die OLED am weitesten erforscht und entwickelt, was sich in ihrem Einsatz in der Displaytechnik [79] und seit kurzem auch in der Allgemeinbeleuchtung [80] widerspiegelt.

2.2.1 Aufbau und Funktionsweise

Der schematische Aufbau einer idealen OLED ist in Abbildung 2.9 dargestellt. Eine OLED besteht aus mindestens einer organischen, lichtemittierenden Schicht, die sich zwischen zwei Elektroden befindet, wovon mindestens eine für die Lichtemission transparent sein sollte. Da jede Schicht nur etwa 10 - 100 nm dick ist, wird ein mechanisch stabiles, transparentes und eventuell flexibles Substrat benötigt, auf das die OLED prozessiert wird. Das am häufigsten verwendete Anodenmaterial ist das transparente, leitfähige Oxid ITO (engl. *indium tin oxide*), welches durch Sputterprozesse auf das Substrat aufgebracht wird (siehe Kapitel 3.1.2). Je nachdem, aus wie vielen organischen Schichten die OLED aufgebaut wird, werden diese aus der Flüssigphase oder durch Aufdampfen auf der Anode abgeschieden (siehe Kapitel 3.2.2). Die metallische Kathode wird typischerweise ebenfalls durch Aufdampfen auf die organischen Schichten aufgebracht. Um die Materialien vor Sauerstoff und Luftfeuchtigkeit zu schützen, muss die OLED schließlich noch verkapselt werden (siehe Kapitel 3.2.3).

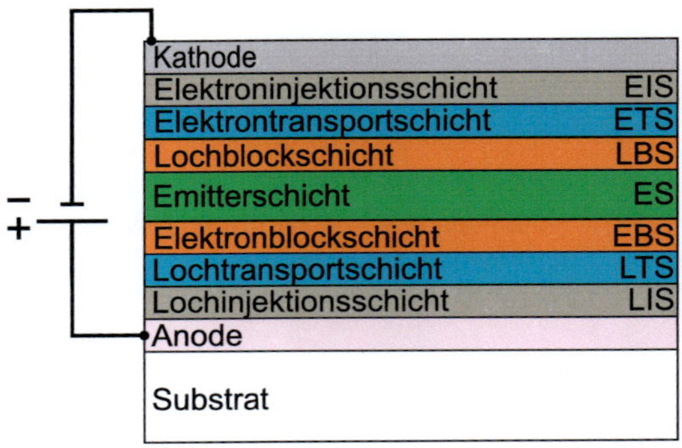

Abbildung 2.9: Schematische Darstellung einer idealisierten OLED mit transparentem Substrat, transparenter Anode und reflektierender Kathode. Dazwischen liegen der organische Emitter sowie diverse weitere organische Schichten, die einen effizienten Betrieb gewährleisten.

Die Funktionsweise ist in Abbildung 2.10 schematisch dargestellt. Auf der vertikalen Achse sind die Austrittsarbeiten, bzw. die HOMO- und LUMO-Niveaus der organischen Halbleiter aufgetragen und auf der horizontalen Achse ihre Position im

Bauteil. Der Vollständigkeit halber sind hier neben dem Emitter auch Injektions-, Transport- und Blockschichten dargestellt. Wird nun zwischen Anode und Kathode eine Spannung angelegt, werden Löcher und Elektronen in die HOMO- bzw. LUMO-Niveaus der organischen Schichten injiziert [81]. Die Löcher und Elektronen wandern gemäß dem angelegten elektrischen Feld in entgegengesetzte Richtungen durch die verschiedenen Schichten bis sie sich in der Emitterschicht akkumulieren und dort über die Langevin-Rekombination Frenkel-Exzitonen bilden. Dieser Prozess beruht auf der Coulomb-Anziehung zwischen Elektronen und Löchern und findet statt, sobald der Ladungsträgerabstand kleiner als der Coulomb-Radius r_C wird:

$$r_C = \frac{q^2}{4\pi\epsilon_0\epsilon_r k_B T}, \tag{2.1}$$

mit der Elementarladung q, der Permittivität des Vakuums ϵ_0, der Dielektrizitätskonstanten ϵ_r , dem Boltzmann-Faktor k_B und der Temperatur T. Durch die im Vergleich zu anorganischen Materialien kleinen Dielektrizitätskonstanten (PPV: $\epsilon_r \approx 3$, Galliumarsenid: $\epsilon_r = 13$) sind ihre Coulomb-Radien größer. Die Bindungsenergien der Frenkel-Exzitonen sind jedoch deutlich größer als bei den Wannier-Mott-Exzitonen in anorganischen Halbleitern. Diese Exzitonen können nun abhängig von ihrem Spin mit einer bestimmten Wahrscheinlichkeit unter Aussendung eines Photons zerfallen (siehe Kapitel 2.2.3).

Um die internen Verluste so gering wie möglich zu halten, werden zusätzliche organische Halbleiterschichten in die OLED eingebracht. Dotierte Ladungsträgerinjektions- und Transportschichten bilden mit den Elektroden im Idealfall Ohmsche Kontakte und reduzieren so die Einsatzspannung quasi auf die Bandlücke des Emittermaterials. Ladungsträgerblockschichten verhindern, dass die Ladungsträger die OLED auf der Gegenelektrode ungenutzt verlassen können.

Da die HOMO- und LUMO-Niveaus keine energetisch scharfen Zustände sind, sondern gaußverteilt vorliegen (siehe Kapitel 2.1.3), weist das Emissionsspektrum eines organischen Emitters eine relativ große Halbwertsbreite auf. Die Einsatzspannungen liegen üblicherweise zwischen 2 - 4 V [82,83]. Zur Veranschaulichung sind in Abbildung 2.11 das Emissionsspektrum und eine Spannungs-Stromdichte-Kennlinie einer typischen Polymer-OLED dargestellt.

2.2.2 Lichttechnische Größen und Effizienzen

OLEDs werden in der Regel nicht durch strahlungsphysikalische Größen, sondern durch lichttechnische Größen, die das Helligkeitsempfinden des menschlichen Auges berücksichtigen, beschrieben. Das Helligkeitsempfinden wird dabei durch die sogenannte V(λ)-Kurve wiedergegeben, die den spektralen Hellempfindlichkeitsgrad des

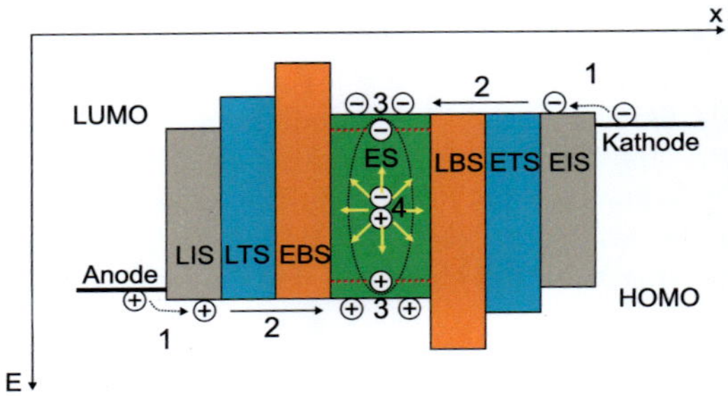

Abbildung 2.10: Schematische Darstellung der Funktionsweise einer OLED, wobei aus Gründen der Übersichtlichkeit auf Bandverbiegungen verzichtet wird. 1: Ladungsträger werden von den Elektroden in das HOMO-Niveau der Lochinjektions- und Elektronen in das LUMO-Niveau der Elektroninjektionsschicht injiziert. 2: Die Ladungsträger wandern durch die Lochtransport- und Elektronblockschicht bzw. Elektrontransport- und Lochblockschicht. 3: Aufgrund der Blockschichten akkumulieren die Ladungsträger in der Emitterschicht, wo sie zu Exzitonen rekombinieren. 4: Abhängig von der Art der Exzitonen (Singulett oder Triplett) zerfallen diese unter Aussendung eines Photons.

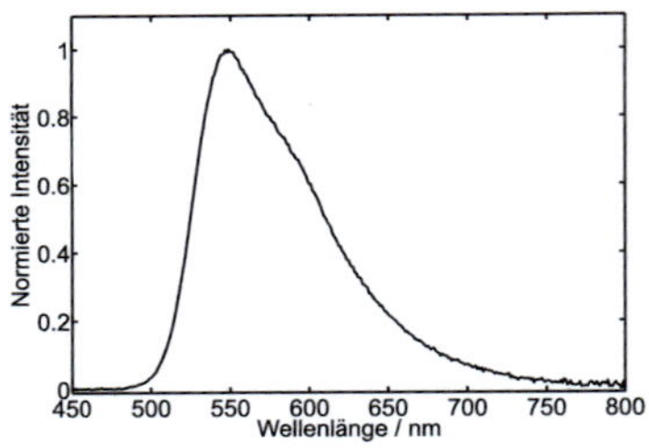

(a) Emissionsspektrum

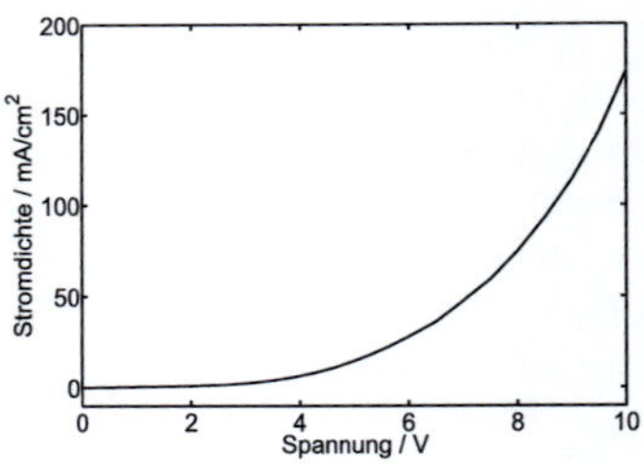

(b) Spannungs-Stromdichte-Kennlinie

Abbildung 2.11: Emissionsspektrum und Spannungs-Stromdichte-Kennlinie einer Polymer-OLED.

menschlichen Auges bei Tageslicht beschreibt. Diese empirische gefundene Kurve erstreckt sich im sichtbaren Spektralbereich von ca. 380 nm bis 780 nm und ist auf eins normiert. Da das menschliche Auge abhängig von der Umgebungshelligkeit unterschiedlich stark auf Farben reagiert, verschiebt sich das Maximum der V(λ)-Kurve bei photopischem Sehen (am Tage) von 555 nm auf 507 nm bei skotopischem Sehen (bei Nacht) (siehe Abbildung 2.12).

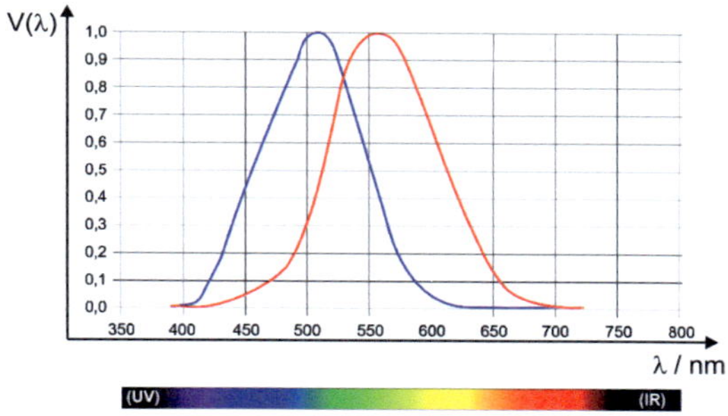

Abbildung 2.12: Hellempfindlichkeitskurve des menschlichen Auges für photopisches Sehen (rot) und skotopisches Sehen (blau) [84].

Die vier lichttechnische Grundgrößen sind schematisch in Abbildung 2.13 dargestellt.

- **Lichtstrom**
  Als Lichtstrom Φ bezeichnet man das von einer Lichtquelle in alle Raumrichtungen ausgesendete Licht. Dabei wird die Strahlungsleistung der Lichtquelle mit der V(λ)-Kurve gewichtet und mit dem physikalischen Strahlungsequivalent K_m multipliziert:

$$\Phi = K_m \int_{\lambda_1}^{\lambda_2} \phi_{e,\lambda}(\lambda) V(\lambda)\, \mathrm{d}\lambda, \tag{2.2}$$

  mit $K_m = 683\,\frac{lm}{W}$, $\lambda_1 = 380$ nm und $\lambda_2 = 780$ nm. Die Einheit des Lichtstroms ist Lumen (lm).

- **Lichtstärke**
  Die Lichtstärke I ist eine Basisgröße im SI-Einheitensystem[3]. Sie ist der Teil

[3]Französisch für *Système international d'unités*; es bezeichnet das internationale Einheitensystem.

des Lichtstroms, der in eine bestimmte Richtung, bzw. innerhalb eines Raumwinkels Ω emittiert wird:

$$I = \frac{d\Phi}{d\Omega}. \tag{2.3}$$

Die Lichtstärke ist somit unabhängig von der Entfernung des Betrachters, ihre Einheit ist Candela (cd).

- **Leuchtdichte**
  Die Leuchtdichte L ist definiert als Lichtstärke I pro scheinbarer Fläche A_p. Sie ist ein Maß dafür, wie hell diese scheinbare Fläche einem Betrachter erscheint. Dabei spielt es keine Rolle, ob die projizierte Fläche selbst leuchtet oder nur beleuchtet wird und Licht reflektiert:

  $$L = \frac{d^2\Phi}{dA_p d\Omega} = \frac{dI}{dA_p}. \tag{2.4}$$

  Die Einheit der Leuchtdichte ist Candela pro m^2 (cd/m^2).

- **Beleuchtungsstärke**
  Die Beleuchtungsstärke E ist definiert als der Quotient aus Lichtstrom Φ und der beleuchteten Fläche A. Sie ist eine reine Empfängergröße und dient als Maß für die Helligkeit auf dieser Fläche:

  $$E = \frac{d\Phi}{dA}. \tag{2.5}$$

  Ihre Einheit ist Lux (lx).

Die folgenden zwei Bewertungsgrößen stellen einen Zusammenhang zwischen lichttechnischen und elektrischen Größen her und lassen somit Aussagen über die Effizienz zu.

- **Lichtausbeute**
  Die Lichtausbeute η_{LA} ist definiert als der Quotient aus dem Lichtstrom und der aufgenommenen elektrischen Leistung P einer Lichtquelle:

  $$\eta_{LA} = \frac{\Phi}{P}. \tag{2.6}$$

  Ihre Einheit wird in Lumen pro Watt (lm/W) angegeben.

(a) Lichtstrom

(b) Lichtstärke

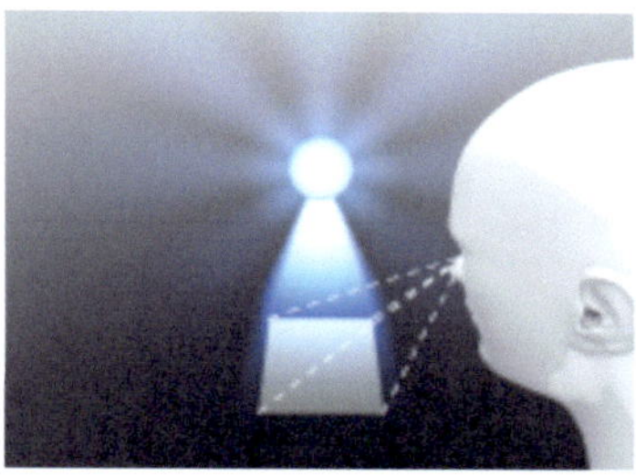

(c) Leuchtdichte

(d) Beleuchtungsstärke

Abbildung 2.13: Schematische Darstellung der vier photometrischen Grundgrößen: Der Lichtstrom wird als das von einer Lichtquelle in alle Raumrichtungen emittierte Licht definiert (a). Die Lichtstärke ist der Teil des Lichtstroms, der in einen bestimmten Raumwinkel ausgesandt wird (b). Die Leuchtdichte wird durch die Lichtstärke pro scheinbarer Fläche beschrieben und gibt an, wie hell diese scheinbare Fläche einem Betrachter erscheint (c). Die Beleuchtungsstärke ist der Quotient aus Lichtstärke und beleuchteter Fläche und ist somit ein Maß für die Helligkeit dieser Fläche (d) [85].

- **Stromeffizienz**
  Die Stromeffizienz η_{SE} ist definiert als der Quotient aus der Lichtstärke einer Lichtquelle und des durch letztere fließenden Stroms I_C:

$$\eta_{SE} = \frac{I}{I_C}. \tag{2.7}$$

  Ihre Einheit wird in Candela pro Ampère (cd/A) angegeben.

2.2.3 Effizienzbetrachtungen

Die Effizienz einer organischen Leuchtdiode hängt von verschiedenen direkt messbaren aber auch nicht direkt messbaren Faktoren ab. Des Weiteren gibt es verschiedene Effizienzen, durch die man OLEDs charakterisieren kann. Im Folgenden werden die Quanteneffizienzen betrachtet, da anhand dieser die Verlustkanäle in OLEDs besser quantifiziert werden können. Die externe Quanteneffizienz η_{ext} setzt sich aus dem Produkt der internen Quanteneffizienz η_{int} und der Auskoppeleffizienz η_{aus} zusammen.

$$\eta_{ext} = \eta_{int} \cdot \eta_{aus}. \tag{2.8}$$

Die interne Quanteneffizienz setzt sich wiederum aus den Faktoren Ladungsträger-Gleichgewicht γ, Exzitonenbildungseffizienz η_{exz} und Lumineszenzeffizienz η_{rad} zusammen [67].

$$\eta_{int} = \gamma \cdot \eta_{exz} \cdot \eta_{rad}. \tag{2.9}$$

Die einzelnen Faktoren, die im Folgenden etwas näher betrachtet werden, können nicht direkt gemessen sondern nur abgeschätzt werden.

Ladungsträger-Gleichgewichtsfaktor γ

Um eine möglichst effiziente Nutzung der Ladungsträger zu gewährleisten, muss das Verhältnis von Elektronen zu Löchern nahezu 1 betragen. Damit in der Rekombinationszone innerhalb der Emitterschicht auch gleich viele Elektronen und Löcher ankommen, muss dem Unterschied ihrer Beweglichkeiten Rechnung getragen werden. Da Elektronen in der Regel eine 10 - 100-fach niedrigere Beweglichkeit aufweisen (siehe Kapitel 2.1.3), kann durch geschickten Einsatz von Transport- und Blockschichten sowie der Anpassung der Austrittsarbeiten der Anode und Kathode ein Gleichgewicht zwischen den Ladungsträgern hergestellt werden [86].

Exzitonenbildungseffizienz η_{exz}

Die Wahrscheinlichkeit für die Bildung von Exzitonen, die strahlend zerfallen können, wird als Exzitonenbildungseffizienz bezeichnet. Da Elektronen und Löcher Fermionen sind, besitzen beide einen Spin von $s = \frac{1}{2}$. Ein durch Rekombination beider Fermionen entstehendes Exziton hat dann einen Gesamtspin von $s = 0$ oder $s = 1$. Aus der Spin-Statistik folgt, dass 25 % Singulett- und 75 % Triplett-Exzitonen gebildet werden. Dieses Verhältnis kann sich durch Triplett-Triplett-Annihilationsprozesse noch zu Gunsten der Singulett-Exzitonen auf etwa 40 % verschieben [45], welche unter Aussendung von Photonen zerfallen. Für phosphoreszente Emittermaterialien, bei denen durch Einbringen von Schwermetallverbindungen wie Iridium- oder Platinkomplexen auch Triplett-Exzitonen strahlend zerfallen können, ist $\eta_{exz} = 1$ [87].

Lumineszenzeffizienz η_{rad}

Die Lumineszenzeffizienz ist das Verhältnis aus der Zahl der emittierten Photonen und der Zahl der Exzitonen, die strahlend zerfallen können. Sie ist materialabhängig und kann für niedermolekulare Emittermaterialien über 80 % betragen. Des Weiteren können metallische Verunreinigungen beim Aufdampfen der Kathode in das Emittermaterial eindiffundieren und dort zu Fluoreszenzlöschung (engl. *quenching*) führen. Wenn der Abstand zwischen Emitterschicht und Metallkathode zu gering ist, kann es zu Nahfeldkopplungen vom Exzitonen-Dipol zum zweidimensionalen Elektronengas in der Metallkathode kommen, was ebenfalls die Fluoreszenz löscht [88, 89]. Beide Effekte können minimiert werden, indem man die Kathode durch kürzere Aufdampfzeiten dünner macht bzw. die Emitterschicht durch eine dickere Elektronleitschicht weiter von der Kathode separiert.

2.2.4 Optische Verluste

Wie bereits in der Einleitung in Kapitel 1 angesprochen, kann man durch eine komplexe Schichtstruktur und durch maßgeschneiderte Materialien die Faktoren, die die interne Quanteneffizienz beeinflussen, sehr gut kontrollieren. Mittlerweile wurde schon von einer internen Quanteneffizienz von nahezu 100 % berichtet [90–92]. Der limitierende Faktor in der externen Quanteneffizienz ist somit die Auskoppeleffizienz η_{aus}, die nun näher behandelt wird.

Eine OLED, wie sie in Abbildung 2.14 schematisch dargestellt ist, kann aufgrund ihres Aufbaus aus sehr dünnen, großflächigen Schichten mit unterschiedlichen Brechungsindizes und Schichtdicken als asymmetrischer Schichtwellenleiter betrachtet werden. Aufgrund dieser Tatsache kann der größte Teil des in der Emitterschicht erzeugten Lichts die OLED nicht verlassen. Etwa 40 - 50 % der Photonen verbleiben als sogenannte geführte Moden in der ITO-Schicht oder den organischen Schichten und als Oberflächenplasmonpolaritonen an der Grenzfläche zwischen Metall und Organik, wo sie absorbiert werden. Weitere 20 - 30 % der Photonen werden an der Grenzfläche zwischen Substrat und Luft totalreflektiert und können das Substrat so nur durch die Seitenflächen verlassen. Dieses Licht wird zwar nicht absorbiert, kann aber nur mit aufwändigen mikrooptischen Systemen nach vorne umgelenkt werden. Somit reduziert sich ohne Modifikation der OLED ihre Auskoppeleffizienz η_{aus} auf etwa 20 % [93, 94]. Die genauen Verlustkanäle werden im Folgenden näher beschrieben.

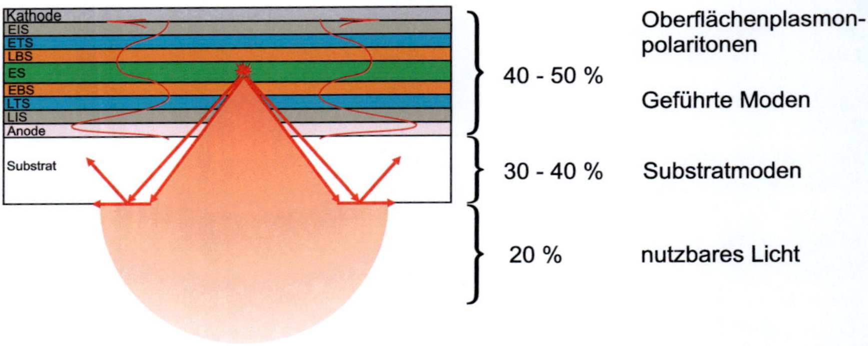

Abbildung 2.14: Schematische Darstellung der optischen Verlustkanäle innerhalb einer OLED. Photonen, die in der Emitterschicht generiert werden, können entweder die OLED direkt verlassen oder werden im Substrat durch Totalreflexion an der Seite abgestrahlt. Der größte Teil der Photonen verbleibt jedoch als geführte Moden bzw. Oberflächenplasmonpolaritonen in der OLED, wo sie schließlich absorbiert werden.

Substratmoden

Wie zuvor schon erwähnt, erfährt ein Teil des Lichts an der Substrat-Luft-Grenzfläche Totalreflexion. Da das Substrat sehr viel dicker als die Wellenlänge des Lichts ist ($d \gg \lambda$), lässt sich dieses Phänomen sehr anschaulich durch die geometrische

Optik erklären. Nach dem Gesetz von Snellius wird Licht, das unter einem bestimmten Winkel Θ auf eine Grenzfläche zwischen einem optisch dichteren Medium ($n_2 = n_{\text{Glas}} \approx 1{,}5$) und einem optisch dünneren Medium ($n_1 = n_{\text{Luft}} \approx 1$) auftrifft, an dieser Grenzfläche totalreflektiert, wenn der Winkel größer als der Grenzwinkel Θ_T ist. Jeder Lichtstrahl kann auch über seinen Wellenvektor $\vec{k}$ oder über dessen x-Komponente k_x, wie in Abbildung 2.15 zu sehen ist, beschrieben werden. Dabei gelten folgende Zusammenhänge für die Wellenvektoren in Medium 1 und 2:

$$k_{2x} = k_x \begin{cases} < |\vec{k}_1|, \text{Licht kann Medium 2 verlassen,} \\ = |\vec{k}_1|, \text{Totalreflexion tritt ein,} \\ > |\vec{k}_1|, \text{Licht kann Medium 2 nicht mehr verlassen.} \end{cases} \tag{2.10}$$

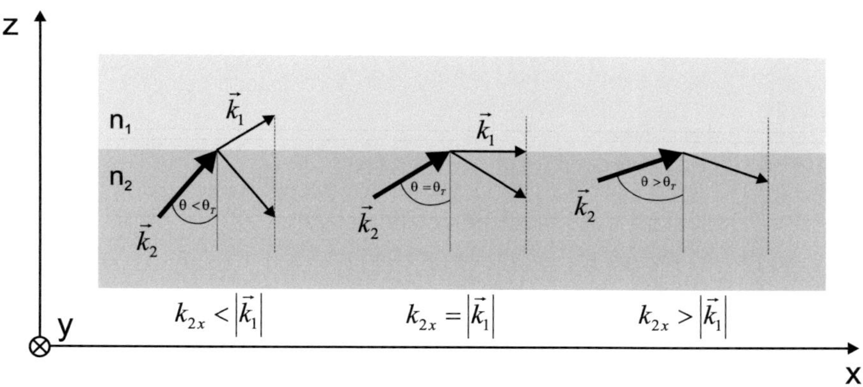

Abbildung 2.15: Licht, welches von einem optisch dichteren (n_2) auf ein optisch dünneres Medium trifft (n_1), erfährt ab einem Winkel $\Theta = \Theta_T$ Totalreflexion. Die x-Komponente des Wellenvektors $\vec{k}$ bleibt beim Grenzübergang konstant.

In Abbildung 2.16 ist die Dispersionsrelation $\omega(k_x)$ von Licht, dass im Inneren einer OLED erzeugt wird, zu sehen. Alle Lichtstrahlen, für die $k_0 \leq k_x \leq n_1 \cdot k_0$ (mit $k_0 = \frac{\omega}{c_0}$ und c_0, der Vakuumlichtgeschwindigkeit) gilt, werden an der Grenzfläche Substrat-Luft totalreflektiert.

Geführte Moden

Da die ITO-Anode, die organischen Schichten sowie die Metall-Kathode Schichtdicken von 10 nm - 100 nm pro Schicht aufweisen, ist eine wellenoptische Betrachtung der geführten Moden erforderlich [95]. Dazu nimmt man die aus den Maxwellschen Gleichungen hergeleitete Wellengleichung:

$$\left(\vec{\nabla}^2 + \frac{1}{c^2}\frac{\partial^2}{\partial t^2}\right)\vec{E}(\vec{r},t) = 0, \qquad \text{mit } c = \frac{c_0}{n}, \tag{2.11}$$

mit dem elektrischen Feld E und der Lichtgeschwindigkeit im Medium c. Setzt man nun eine harmonische Zeitabhängigkeit des elektrischen Feldes

$$\vec{E}(\vec{r},t) = \vec{E}(\vec{r})e^{i\omega t} \tag{2.12}$$

in diese Gleichung ein, so ergibt sich die Helmholtz-Gleichung für den zeitunabhängigen Teil des elektrischen Feldes $\vec{E}(\vec{r})$ zu

$$\vec{E}(\vec{r}) + n^2\frac{\omega^2}{c_0^2}\vec{E}(\vec{r}) = 0. \tag{2.13}$$

Mit dem Lösungsansatz

$$\vec{E}(\vec{r}) = \vec{E}(\vec{r})e^{\pm i\vec{k}\vec{r}} \tag{2.14}$$

folgt schließlich die Dispersionsrelation

$$\omega^2 = \frac{c_0^2}{n^2}\vec{k}^2. \tag{2.15}$$

Für ein homogenes Medium mit Brechungsindex n ergeben sich für die Wellengleichung somit folgende Lösungen:

$$\vec{E}_v(\vec{r},t) = E_v e^{i(\omega t - \vec{k}\vec{r})}\vec{e}_{\perp\vec{k}} \tag{2.16}$$

$$\vec{E}_r(\vec{r},t) = E_r e^{i(\omega t + \vec{k}\vec{r})}\vec{e}_{\perp\vec{k}} \tag{2.17}$$

Die Lösung für ein Schichtsystem wie das einer OLED ergeben sich wie beim bekannten, quantenmechanischen Problem des Teilchens in einem Potentialtopf. Die Schichtdicke und der Unterschied der Brechungsindizes werden dabei analog zur Breite und Höhe des Potentialtopfs behandelt. Da es in einer OLED mehrere unterschiedlich dicke Schichten mit verschiedenen Brechungsindizes gibt, müssen die Lösungen für die jeweiligen Schichten durch Stetigkeitsbedingungen an den Grenzflächen aneinander angepasst werden. Die Gesamtlösungen der OLED sind diskret und repräsentieren transversal elektrische (TE-)Moden und transversal magnetische (TM-)Moden, wobei bei den TE-Moden das E-Feld und bei den TM- Moden das H-Feld senkrecht auf der Einfallsebene steht. Die Intensitätsverteilungen, also das Betragsquadrat der Lösungen, sind als geführten Moden vereinfacht in Abbildung 2.14 auf Seite 28 zu sehen. Je nach Schichtabfolge, Schichtdicken und Brechungsindizes der Schichten können unterschiedliche Intensitätsverläufe mit mehreren lokalen Maxima auftreten. Photonen, die in solchen geführten Moden gefangen sind, haben, je nachdem wie stark die jeweiligen Schichten absorbieren, eine mittlere freie Weglänge von nur wenigen Mikrometern. Wie in Abbildung 2.16 zu sehen ist, treten die TE-Moden (schwarze Punkte) und die TM-Moden (grüne Punkte) innerhalb des Bereiches: $n_1 \cdot k_0 \leq k_x \leq n_2 \cdot k_0$ nur diskret auf. Über die x-Komponente k_x des Wellenvektors $\vec{k}$ lässt sich für jede Mode der effektive Brechungsindex n_{eff} definieren [95]:

$$n_{\text{eff}} = \frac{k_x^{\text{Real}}}{k_0} + i\frac{k_x^{\text{Imaginär}}}{k_0}. \tag{2.18}$$

Im Folgenden wird k_x statt k_x^{Real} und n_{eff} statt $Re\{n_{\text{eff}}\}$ verwendet.

Die Moden können mittels Streuung an periodischen (siehe Kapitel 7) oder nicht-periodischen Nanostrukturen (siehe Kapitel 4 und Kapitel 8) aus der OLED ausgekoppelt werden.

Oberflächenplasmonpolaritonen

Ein Oberflächenplasmonpolariton (engl. *surface plasmon polariton - SPP*) ist ein Spezialfall der geführten Moden. Dabei können die Exzitonen - abhängig von Polarisation und Frequenz - an die SPPs koppeln [88,96]. Sie liegen nur in TM-Polarisation vor. Daher können die emittierenden Dipole, die, wie bei Polymer-OLEDs üblich, überwiegend in der Schichtebene liegen, nicht daran koppeln [97]. Sie spielen demnach insbesondere in Small Molecule OLEDs eine größere Rolle. Des Weiteren muss es einen Zustand mit der Frequenz ω_0 geben, die kurz unterhalb der Grenzfrequenz $\omega_S = \frac{\omega_P}{\sqrt{1+\epsilon_r}}$ liegt, an den sich die Dispersionsrelation der SPPs asymptotisch annähert (ω_P : Plasmafrequenz, ϵ_r : Dielektrizitätskonstante) [98]. Für diese Frequenz ist aufgrund der hohen Zustandsdichte die Wahrscheinlichkeit für eine Kopplung besonders groß [99]. SPP-Moden besitzen ebenfalls einen Wellenvektor $k_{SPP} > n \cdot k_0$ (k_0: Vakuumwellenvektor, n: Brechungsindex), jedoch ist die Reichweite, nach der sie dissipiert werden, stark vom Material abhängig und für gängige Kathodenmetalle wie Calcium oder Aluminium eher gering. Wie in Abbildung 2.16 zu sehen ist, sind SPP-Moden auch diskreter Natur. Sie können wie die oben genannten geführten Moden ebenso durch Streuung wieder als Photonen ausgekoppelt werden [98].

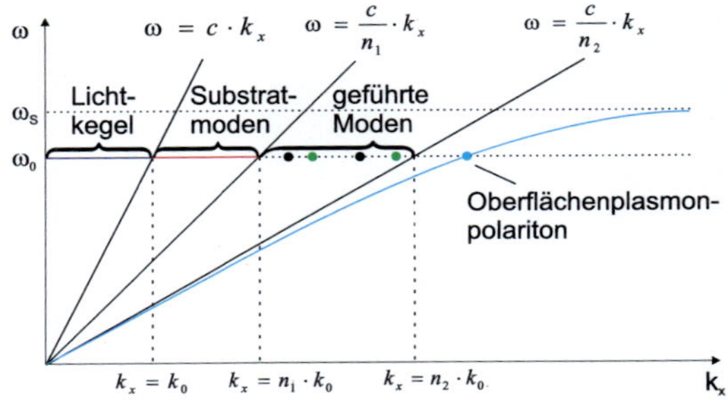

Abbildung 2.16: Die durch Lichtlinien getrennte Dispersionsrelationen $\omega(k)$ für die verschiedenen Bereiche, in denen Photonen entweder das Bauteil verlassen können oder innerhalb der verschiedenen Schichten gefangen sind. Die Photonen innerhalb des Lichtkegels können die OLED verlassen. Als rote Strecke sind die kontinuierlichen Substratmoden gezeichnet. Geht man zu höheren k_x, so gelangt man zu den geführten Moden, bzw. zu den Oberflächenplasmonpolaritonen, die als schwarze und grüne, bzw. als türkise Punkte dargestellt sind, welche ihren diskreten Charakter widerspiegeln sollen.

Absorption

Letztendlich werden alle geführten Moden, sei es innerhalb der ITO-Anode oder der organischen Schichten, oder an der Grenzfläche Organik-Metall, nach einer gewissen Propagationslänge absorbiert. Diese Propagationslänge - auch mittlere freie Weglänge l genannt - ist der Kehrwert des Absorptionskoeffizienten α der jeweiligen Mode und hängt damit vom Imaginärteil $Im\{n_{\text{eff}}\}$ des effektiven Brechungsindizes ab. Der Absorptionskoeffizient α ist definiert als

$$\frac{1}{l} = \alpha = \frac{4\pi}{\lambda} Im\{n_{\text{eff}}\} = 2k_x^{\text{Imaginär}} \tag{2.19}$$

und beschreibt die Dämpfung, die eine bestimmte Größe beim Durchgang eines absorbierenden Mediums erfährt. Dies ist in unserem Fall die geführte Mode, die innerhalb der OLED dissipiert wird. Als Näherung kann die Dämpfung über Füllfaktoren berechnet werden. Da sich solch eine Mode über verschiedene Schichten ausdehnt, muss man den Füllfaktor für jede Schicht berücksichtigen. Vereinfacht ausgedrückt, beschreibt der Füllfaktor einer Schicht den Anteil der Mode, die in dieser Schicht läuft im Vergleich zur gesamten Mode [100, 101]. Um die effektive Dämpfung, die eine bestimmte Mode innerhalb einer OLED erfährt, zu berechnen, muss man die Absorptionskoeffizienten der einzelnen Schichten mit ihren jeweiligen Füllfaktoren gewichten. Beispielhafte Modenprofile für eine TE- und eine TM-Mode (SPP) sind in Abbildung 2.17 a) und b) zu sehen.

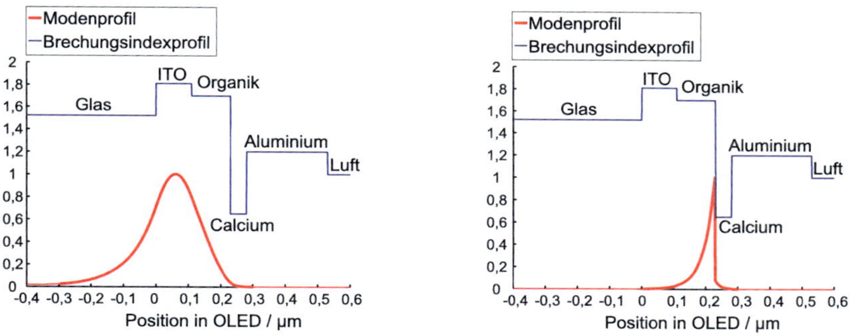

(a) TE-Mode

(b) SPP-Mode

Abbildung 2.17: Simuliertes Brechungsindexprofil (blau) und Modenprofil (rot) abhängig von der Position innerhalb der OLED für eine TE-Mode (a) und für den Spezialfall einer TM-Mode, der SPP-Mode (b).

3 Materialien, Technologie und Charakterisierung

Zusammenfassung

In diesem Kapitel werden die für die OLED-Herstellung verwendeten Materialien, Methoden und Charakterisierungstechniken vorgestellt. Da sich die hergestellten OLEDs geringfügig im Aufbau und in der Materialauswahl unterscheiden, ist das folgende Kapitel zunächst als Übersicht zu verstehen. Auf die speziellen Anforderungen der OLEDs wird in den jeweiligen Ergebniskapiteln eingegangen.

3.1 Verwendete Materialien

Im Folgenden wird eine Übersicht über die in den OLEDs eingesetzten Materialien und ihre Funktionen gegeben. In Abbildung 3.1 ist eine vereinfachte schematische Darstellung einer solchen OLED zu sehen.

Die ITO-Schicht ist zweigeteilt und ragt zu beiden Seiten aus der Verkapselung hervor. Ein ITO-Streifen dient dabei als Anode, welche Löcher in die Lochinjektions- bzw. Lochtransportschicht aus PEDOT:PSS injiziert, der andere ITO-Streifen stellt den elektrischen Kontakt zur Calcium-Kathode, die sich aufgrund ihrer Reaktivität unter der Verkapselung befindet, her. Diese injiziert Elektronen in die Emitterschicht aus Super Yellow. Aufgrund der geringen Querleitfähigkeit der organischen Materialien bildet der geometrische Überlapp von ITO-Anode und Calcium-Kathode die aktive Fläche der OLED.

In dieser Arbeit befinden sich auf jedem Substrat vier nominell identische OLEDs. Aus technischen Gründen kann eine Charge höchstens neun solcher Substrate enthalten, was die Variationsmöglichkeiten etwas einschränkt. Um die Aussagekraft der Messergebnisse zu erhöhen, werden in einer Charge in der Regel immer mindestens zwei Substrate, bzw. acht OLEDs gleich prozessiert.

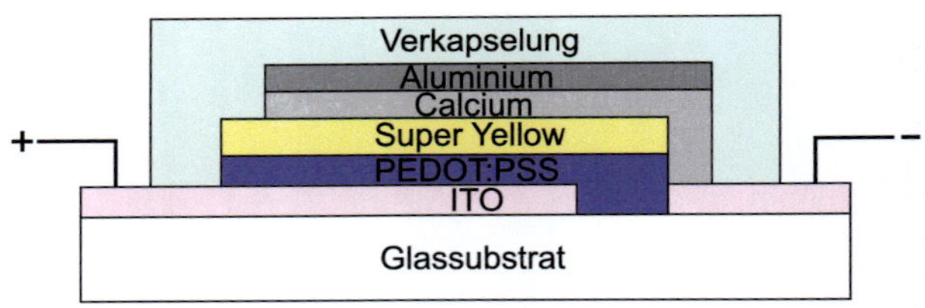

Abbildung 3.1: Prinzipieller Aufbau einer typischen OLED.

3.1.1 Substrate

Als OLED-Substrate kommen verschiedene, kommerziell erhältliche Glassorten zum Einsatz. Alle Glassubstrate haben eine Dicke von 1 mm und und werden auf eine Fläche von 25 mm × 25 mm zugeschnitten.

- Borofloatglas, vorbeschichtet mit 130 nm Indiumzinnoxid (ITO) (siehe Kapitel 4, 5 und 6)

- Borofloatglas, vorbeschichtet mit 300 nm Tantalpentoxid (Ta_2O_5) (siehe Kapitel 7)

- Kalknatronglas (siehe Kapitel 8)

3.1.2 Anoden

Um das erzeugte Licht aus mindestens einer Seite der OLED effizient zu extrahieren, muss mindestens eine der beiden Elektroden transparent sein. Da es technologisch einfacher ist, effiziente transparente Anoden herzustellen, werden in dieser Arbeit nur solche OLEDs behandelt. Die zwei Anodenmaterialien werden im Folgenden beschrieben.

ITO

Das Material ITO ist ein Mischoxid, das sich aus ca. 90 Gew.-% Indium(III)oxid (In_2O_3) und 10 Gew.-% Zinn(IV)oxid (SnO_2) zusammensetzt. Bei einer Schichtdicke von ca. 130 nm besitzt es mit ca. 13 $\Omega/\square$ einen relativ geringen Flächenwiderstand und es ist transparent im sichtbaren Spektralbereich ($>$ 80 %). Es lässt sich gut mit Salzsäure ätzen, weshalb es durch etablierte Lithografieverfahren sehr leicht vorstrukturiert werden kann [102]. Je nach Herstellungsprozess (Sputtern, Elektronenstrahlverdampfen oder thermisches Verdampfen) kann die Austrittsarbeit von ca. -4,7 eV etwas variieren (siehe Kapitel 3.2.1).

PEDOT:PSS

PEDOT:PSS ist ein leitfähiges Polymer, das sich aus dem positiv geladenen Makromolekül Polyethylendioxythiophen und dem negativ geladenen Makromolekül Polystyrolsulfonat zusammensetzt (siehe Abbildung 3.2). Bekannte Vertreter dieses Polymers sind die wässrigen Formulierungen CLEVIOS™ PH500 und PH750 von Heraeus Clevios GmbH (vormals H. C. Starck GmbH), die in dieser Arbeit einerseits als Material für Lochinjektions- und Lochtransportschicht (siehe Kapitel 4, 5 und 6), andererseits unter Zugabe von DMSO (Dimethylsulfoxid) als Anode verwendet werden (siehe Kapitel 7 und 8). Man kann sie z. B. durch Aufschleudern auf ein Substrat applizieren, welches anschließend in einem Vakuumofen ausgeheizt wird, um die Wasserreste zu entfernen. Die entstehenden Schichten glätten etwaige Unebenheiten der ITO-Oberfläche, senken die Potentialbarriere zwischen ITO und dem HOMO-Niveau des darauffolgenden organischen Emitters und sind nahezu transparent (siehe Kapitel 4). Das HOMO- bzw. LUMO-Niveau (siehe Abbildung 3.3) liegt bei ca. -4,9 eV, bzw. -2,4 eV [103, 104]. Der Brechungsindex von PEDOT:PSS liegt bei einer Wellenlänge von 550 nm bei ca. 1,52 [105].

Der Hochsieder DMSO verändert den Schichtbildungsprozess während des Aufschleuderns und bewirkt somit eine Änderung der Morphologie der entstehenden Schicht. So lassen sich die Leitfähigkeiten der Schichten von ca. 1 Scm^{-1} auf mindestens 300 Scm^{-1} (PH 500) bzw. 750 Scm^{-1} (PH 750) erhöhen [106, 107]. Dadurch können effiziente, ITO-frei OLEDs auf Basis von Polymeranoden hergestellt werden [108–110], welche aufgrund ihrer Elastizität auch hervorragend auf flexiblen Substraten eingesetzt werden können [111].

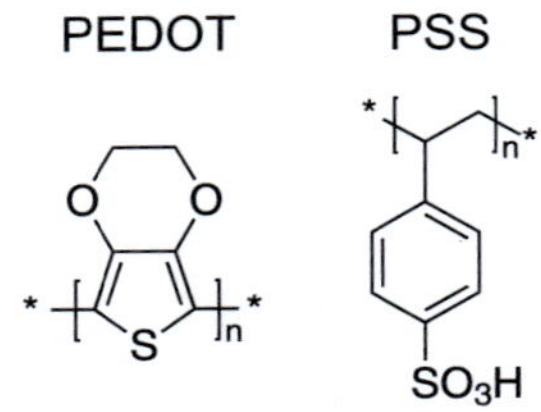

Abbildung 3.2: Chemische Struktur der beiden Makromoleküle des Polymers PEDOT:PSS.

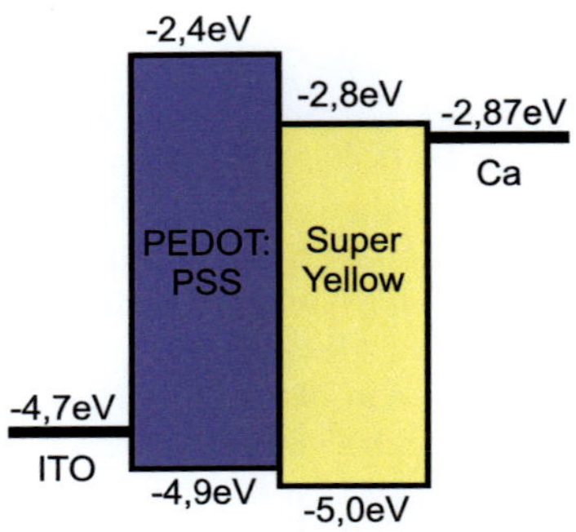

Abbildung 3.3: Energie-Band-Diagramm einer OLED bestehend aus ITO, PEDOT:PSS, Super Yellow und Calcium.

3.1.3 Super Yellow als organischer Emitter

Eines der bekanntesten PPV-Derivate ist ein phenylsubstituiertes PPV (Poly(p-Phenylen-Vinylen)), welches auch unter dem Trivialnamen *Super Yellow* bekannt ist [112, 113]. Sein Absorptionsmaximum liegt bei 449 nm und sein Emissionsmaximum bei 550 nm im gelbgrünen Spektralbereich (siehe Abbildung 3.4). Wie in Abbildung 3.3 zu sehen, liegen die HOMO- und LUMO-Niveaus bei ca. -5,0 eV und -2,8 eV [104].

Das in dieser Arbeit verwendete Super Yellow stammt von Merck OLED Materials GmbH. Es wird in der Konzentration 3 mg/ml in dem unpolaren Lösungsmittel Toluol gelöst. Es wird ebenfalls durch Aufschleudern als dünne Schicht über die bereits vorhandene PEDOT:PSS-Schicht aufgebracht, muss jedoch aufgrund der hohen Flüchtigkeit des Toluols anschließend nicht mehr ausgeheizt werden.

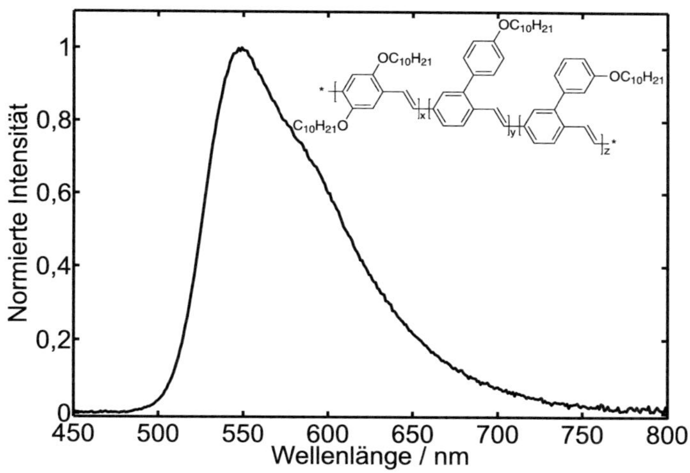

Abbildung 3.4: Emissionsspektrum und Strukturformel des Polymers Ph-PPV (Super Yellow).

3.1.4 Kathoden

Als Kathode eignet sich prinzipiell jedes leicht zu verdampfende Metall mit geringer Austrittsarbeit, wie z. B. Silber, Lithium, Magnesium oder Calcium. Es gilt jedoch einige Vor- und Nachteile der einzelnen Materialien abzuwägen. Je geringer die Austrittsarbeit ist, desto niedriger liegt im Allgemeinen der Schmelzpunkt, während das Material an Luft umso schneller oxidiert. In dieser Arbeit wird ausschließlich Calcium mit einer Austrittsarbeit von ca. 2,87 eV als Kathodenmaterial verwendet [114, 115]. Als Schutz wird über das Calcium eine 200 nm dicke Schicht Aluminium aufgedampft, da dieses in der Raumatmosphäre stabil ist und so die unverkapselte OLED vor einer zu schnellen Degradation schützt.

3.2 Technologie

Im Folgenden werden die verschiedenen Prozessschritte und Technologien, die zur Herstellung von OLEDs verwendet werden, erläutert.

3.2.1 Reinigung

Die Reinigung der Substrate erfolgt in drei Schritten. Zuerst werden die Substrate in Aceton getaucht und für ca. 15 Minuten in ein Ultraschallbad gestellt, um zunächst gröberen Schmutz und Partikel zu entfernen. Da Aceton Rückstände hinterlässt, wird dieser Schritt mit Isopropanol wiederholt. Um nun die Glas- oder ITO-Oberfläche von allen Rückständen zu befreien und zugleich hydrophil zu machen, werden die Substrate in einem Plasmaverascher einem Sauerstoffplasma ausgesetzt [116–118]. Diese Plasmabehandlung bewirkt zugleich eine Erhöhung der Austrittsarbeit des ITO, was sich positiv auf die elektrischen Eigenschaften der OLEDs auswirken kann [119].

3.2.2 Dünnschichtdeposition

Für die Deposition dünner Schichten im Mikro- bis Nanometerbereich gibt es eine Vielzahl von bereits industriell eingesetzten Verfahren. Für die in dieser Arbeit hergestellten OLEDs werden das Aufschleuderverfahren unter Stickstoffatmosphäre für die Polymer- und Nanopartikelschichten sowie das thermische Verdampfen im Hochvakuum für die Kathoden genutzt.

Aufschleudern

Aufschleudern (engl. *spincoating*) ist ein relativ einfaches Verfahren, um großflächig und damit auch kostengünstig dünne Schichten eines in Lösung gebrachten Materials auf ein Substrat aufzubringen. Dabei wird das Substrat von einem Halter angesaugt und eine kleine Menge (5 µl - 200 µl) Lösung auf das Substrat gebracht. Dann wird das Substrat mit einer hohen Drehzahl (1000 - 5000 Umdrehungen pro Minute) rotiert, wobei sich die Lösung auf dem Substrat ausbreitet und eine sehr dünne Schicht bildet. Es lässt sich daher durch Aufschleudern keine Strukturierung der Schicht erzielen. Abhängig von der Flüchtigkeit des Lösungsmittels, verdampft dieses entweder währenddessen oder bei einem späteren Ausheizschritt. Um mehrere verschiedene Schichten übereinander zu bringen, müssen die jeweiligen Lösungsmittel orthogonal zueinander sein, damit die untere Schicht nicht wieder angelöst wird. Die Dicke der so aufgebrachten Schichten hängt dabei maßgeblich von der Viskosität der Lösung und von der Drehzahl ab [120]. Das Prinzip ist in Abbildung 3.5 dargestellt.

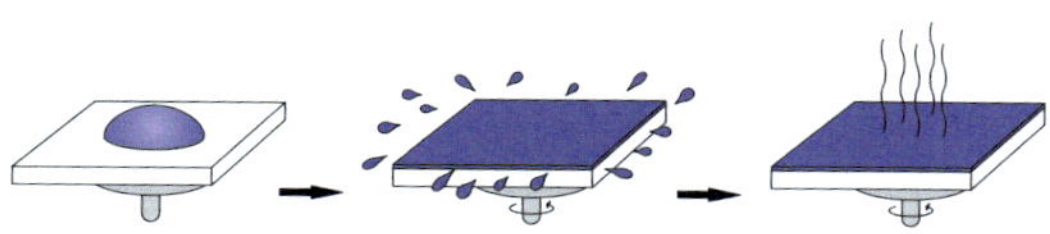

Abbildung 3.5: Ein Tropfen einer Polymerlösung wird auf das Substrat aufgebracht. Dann wird das Substrat bei einer hohen Drehzahl für eine bestimmt Zeit gedreht. Dabei verdampft das Lösungsmittel und eine dünne Schicht des Polymers bildet sich aus.

Thermisches Verdampfen

Eine ebenso weit verbreitete Methode, um dünne Schichten herzustellen ist das Aufdampfen (engl. *vacuum evporation*). Dabei wird das Substrat kopfüber in eine Hochvakuumanlage gehängt und das zu verdampfende Material in einen Tiegel am Boden der Anlage gefüllt. Nach Abpumpen der Anlage wird das Material aufgeheizt, bis es sublimiert (siehe Abbildung 3.6). Der extrem niedrige Druck von weniger als 10^{-6} mbar erniedrigt den Schmelz- und Siedepunkt der Materialien und erhöht die mittlere freie Weglänge des sublimierten Materials, so dass es auf dem Substrat resublimiert werden kann. Durch die Verwendung einer Schattenmaske lässt sich das Substrat strukturiert beschichten. Außerdem besteht die Möglichkeit durch paralleles Verdampfen aus zwei Tiegeln eine Legierung oder dotierte Schicht abzuscheiden.

Die Anzahl der möglichen Schichten ist somit nur durch die Anzahl der vorhandenen Tiegel beschränkt.

Es gibt verschiedene Möglichkeiten das Material zu verdampfen. Dielektrische Schichten werden üblicherweise mittels Elektronenstrahlverdampfung erzeugt [121]. Dabei wird ein Elektronenstrahl, der z. B. von einem Wolframfilament emittiert wird, auf das zu verdampfende Material im Tiegel gelenkt. Ein Großteil der Energie wird dabei in thermische Energie im Material deponiert, welches sich soweit erhitzt, bis es im Hochvakuum verdampft [122].

Organika oder Metalle eignen sich gut für das Verdampfen aus Schiffchen oder aus mit Heizwendeln geheizten Tiegeln [120].

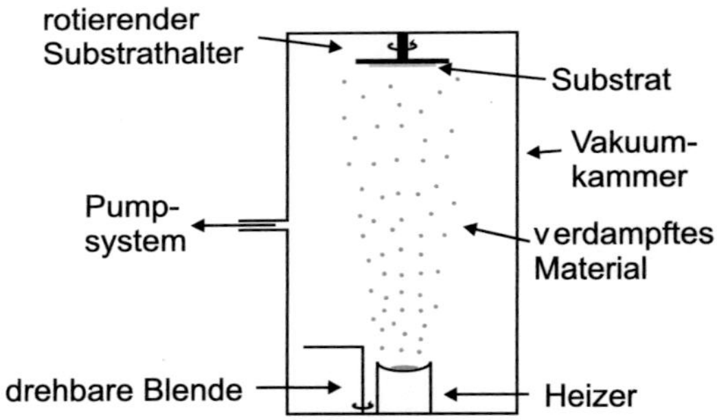

Abbildung 3.6: Unter Hochvakuum wird ein Material so weit erhitzt, bis es verdampft. Die Moleküle kondensieren dann auf dem Substrat und bilden dort eine dünne Schicht.

3.2.3 Verkapselung

Da sowohl die organischen Schichten als auch das Calcium empfindlich auf Sauerstoff und Wasser reagieren, werden die OLEDs verkapselt. Dazu wird auf die aktiven Flächen ein lösungsmittelfreier Zweikomponenten-Klebstoff auf Epoxidharz-Basis (UHU plus endfest 300 [123]) aufgebracht und ein rechteckiges Glasplättchen darauf gelegt. So bleiben die Seiten des OLED-Substrates für die spätere Kontaktierung frei. Die Verkapselung erhöht die Lebensdauer der OLEDs erheblich und ermöglicht ihre Charakterisierung an Luft.

3.3 Charakterisierung

Um ein gutes Verständnis für einzelne Prozessparameter entwickeln zu können und um die Qualität der OLEDs zu beurteilen, bedarf es angemessener Charakterisierungsmethoden.

3.3.1 Dünne Schichten

Die wie in Kapitel 3.2.2 beschrieben hergestellten Schichten lassen sich anhand von Dicke, Oberflächenrauheit, Flächenwiderstand und Absorption charakterisieren.

Messung der Schichtdicke

Mithilfe eines Kontaktprofilometers kann man relativ schnell Schichtdicken bestimmen. Dazu entfernt man z. B. mit einer Plastikpinzette mechanisch einen kleinen Teil der zu untersuchenden Schicht. Diese legt man unter das Kontaktprofilometer, welches mit einer sehr feinen Diamantnadel die Oberfläche der Schicht ein- oder zweidimensional abtastet und so nicht nur das Höhenprofil der Schicht sondern auch deren Rauheit anzeigt.

Messung der Topografie

Die Topographie einer Schicht lässt sich mithilfe eines Rasterkraftmikroskops (engl. *atomic force microscope (AFM)*) bestimmen. Dabei rastert eine nanoskopisch feine Spitze, die an einem sehr kleinen Cantilever befestigt ist, die Oberfläche der Schicht ab. Je nach Oberflächenbeschaffenheit wird der Cantilever mehr oder weniger ausgelenkt. Anhand dieser Auslenkung, die man mittels kapazitiver oder optischer Sensoren messen kann, lässt sich die Topografie ermitteln.

Gebräuchliche Kenngrößen für die Oberflächenrauheit sind beispielsweise die mittlere Rauheit R_m, die quadratische Rauheit R_q und die maximale Höhe des Profils R_t, die wie folgt definiert sind. R_m ist der mittlere Abstand, den ein Messpunkt von der Mittellinie z hat. Letztere ist dadurch definiert, dass die Summe der Profilabweichungen zu ihr minimal ist:

$$R_m = \frac{1}{MN} \sum_{m=1}^{M} \sum_{n=1}^{N} |z(x_m, y_n) - \langle z \rangle|, \tag{3.1}$$

$$\langle z \rangle = \frac{1}{MN} \sum_{m=1}^{M} \sum_{n=1}^{N} z(x_m, y_n). \tag{3.2}$$

R_q beschreibt das quadratische Mittel der Rauheit und berechnet sich aus dem Mittel der Abweichungsquadrate:

$$R_q = \sqrt{\frac{1}{MN} \sum_{m=1}^{M} \sum_{n=1}^{N} (z(x_m, y_n) - \langle z \rangle)^2} \tag{3.3}$$

Die maximale Höhe des Profils ist die Differenz aus dem höchsten und dem niedrigsten Messpunkt R_p und R_v:

$$R_t = R_p - R_v \tag{3.4}$$

Messung des Flächenwiderstands

Besonders bei den Polymeranoden aus PEDOT:PSS ist es wichtig, den Flächenwiderstand zu kennen. Er wird über die 4-Punkt-Messung ermittelt, bei welcher vier äquidistante Spitzen auf die zu messende Schicht gedrückt werden. Über die äußeren Spitzen wird dann ein Strom in die Schicht eingeprägt und die Spannung, die hierüber abfällt, an den zwei inneren Spitzen abgegriffen [124]. Der Einfluss der Kontaktwiderstände zwischen Messspitzen und Schicht wird dabei minimiert. Für eine unendlich ausgedehnte, dünne Schicht gilt:

$$R_\square = \frac{\pi}{\ln 2} \cdot \frac{U}{I} = 2.54 \cdot \frac{U}{I}. \tag{3.5}$$

Mit der Schichtdicke d multipliziert ergibt sich der spezifische Widerstand der Schicht zu

$$\rho_\square = R_\square \cdot d. \tag{3.6}$$

Messung der Absorption

Beim Durchgang von elektromagnetischer Strahlung durch eine Schicht treten Transmission, Reflexion und Absorption auf. Ein UV/VIS/NIR Transmissions-/Reflexions-Spektrometer (Lambda 1050, Perkin Elmer) kann den Transmissionsgrad T, bzw. den Reflexionsgrad R einer Schicht eines Materials vom ultravioletten über den sichtbaren bis hin zum nahen infraroten Spektralbereich messen. Durch Verwendung einer Ulbricht-Kugel (siehe Kapitel 3.3.3) lassen sich sowohl die spiegelnden, bzw. ungestreuten als auch die diffusen Anteile des Reflexionsgrades (siehe Abbildung 3.7(a)) bzw. des Transmissionsrades messen (siehe Abbildung 3.7(b)). Da dünne Schichten meistens auf einem Trägermaterial wie z. B. einem transparenten Glassubstrat aufgebracht sind, verfälschen Reflexionsverluste an dessen Oberfläche sowie etwaige Absorptions- oder Streuungsverluste innerhalb des Substrates die Messung. Daher wird üblicherweise ein blankes Substrat als Referenz gegengemessen, auf dessen Wert die Messwerte der zu untersuchenden Proben normiert werden, um den Einfluss des Substrates zu minimieren. Hierbei werden jedoch Interferenzeffekte vernachlässigt, wodurch es zu Fehlern kommen kann.

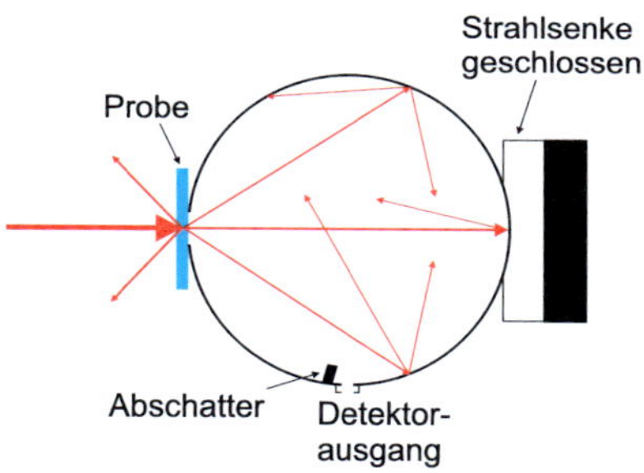

(a) Messung der diffusen und gerichteten Anteile des Transmissionsgrads.

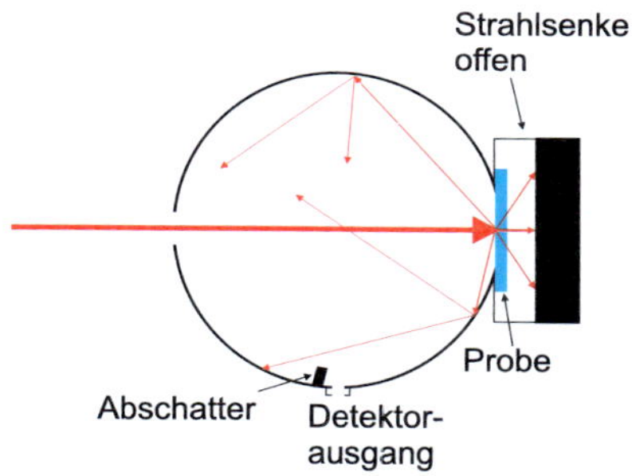

(b) Messung der diffusen und spiegelnden Anteile des Reflexionsgrads.

Abbildung 3.7: Mithilfe einer Ulbricht-Kugel lassen sich sowohl die ungestreuten bzw. spiegelnden als auch die diffus streuenden Anteile (a) des Transmissions- bzw. (b) Reflexionsgrades einer Schicht messen.

Um auf den Absorptionsgrad A zu schließen, löst man die Bilanzgleichung $1 = R + T + A$ nach A auf:

$$A = 1 - R - T. \tag{3.7}$$

Der Absorptionsgrad einer dünnen Schicht lässt sich damit relativ einfach, wie in Abbildung 3.7 schematisch dargestellt ist, über die Messung des Transmissionsgrades und des Reflexionsgrades bestimmen. Die Probe wird zuerst in Transmission vermessen (siehe Abbildung 3.7(a)) und dabei alles Licht, welches in Vorwärtsrichtung die Probe wieder verlässt, aufgefangen. Dann wird dieselbe Probe in Reflexion vermessen (siehe Abbildung 3.7(b)) und dabei alles Licht, das von der Probe sowohl diffus als auch spiegelnd rückreflektiert wird, aufgefangen. Ein Vorteil dieser Methode besteht darin, dass der Einfluss des Substrates wegfällt und daher nicht mehr darauf normiert werden muss. Der Absorptionskoeffizient α ergibt sich dann mit der Schichtdicke d zu:

$$\alpha = -\frac{\ln(1 - T - R)}{d}. \tag{3.8}$$

Querschnittspräparation

Der Querschnitt einer Schicht kann nicht nur Aufschluss über die Schichtdicke, sondern auch über die Materialkomposition und Morphologie geben. Eine effektive Methode, um einen Probenquerschnitt zu erstellen, bietet das FIB-Schneiden[1]. Diese Technik ist in der Regel an ein konventionelles Rasterelektronenmikroskop (REM) angegliedert. Dabei werden Galliumionen senkrecht auf die Schicht fokussiert, die durch ihren großen Impuls Material herausschlagen. Je nach Stärke des Ionenstroms kann man damit Material abtragen oder eine Querschnittsfläche polieren. Diese kann dann mit dem Elektronenstrahl des REM abgerastert werden, um ein Bild der Querschnittsfläche zu erhalten.

3.3.2 Quantitative Elektrolumineszenzmessungen

Um absolute Aussagen über das Verhalten und die Leistung einer OLED treffen zu können, muss die OLED an einem kalibrierten Messaufbau charakterisiert werden.

OCS

Das optische Charakterisierungssystem (OCS) wurde am Lichttechnischen Institut (LTI) entwickelt, um OLEDs direkt nach ihrer Herstellung unter Stickstoffatmosphäre zu vermessen.
Das OCS kann alle vier OLEDs auf einem Substrat automatisch nacheinander vermessen. Es ermöglicht eine parallele Aufnahme von Strom-Spannungs-Kennlinie und Spektren und errechnet die relevanten lichttechnischen Größen wie z. B. Lichtstrom, Lichtstärke, Leuchtdichte, sowie die Effizienzen.

3.3.3 Qualitative Elektrolumineszenzmessungen

Da es in dieser Arbeit hauptsächlich um die Effizienzsteigerung geht, spielen absolute Messwerte gegenüber präzisen und variablen Messmethoden eine untergeordnete Rolle. Das im Laserlabor aufgebaute, nicht kalibrierte Messsystem erlaubt sowohl genaue relative Messungen der Elektrolumineszenz (EL) als auch die winkelaufgelöste Abstrahlcharakteristik von OLEDs.

[1]Englisch für *focused ion beam (FIB)*; zu deutsch: fokussierter Ionenstrahl.

Lichtstrommessung mittels Ulbricht-Kugel

Will man das über alle Raumwinkel emittierte Licht einer OLED erfassen, so ist eine geeignet dimensionierte Ulbricht-Kugel die Methode der Wahl. Diese haben gegenüber ihrem Durchmesser (idealerweise) unendlich kleine Lichtein- und Lichtausgangsöffnungen und sind im Inneren mit einer Beschichtung, deren Reflexionsgrad im zu untersuchenden Spektralbereich wellenlängenunabghängig ist, versehen. Die verwendete Ulbricht-Kugel der Firma Gigahertz-Optik hat einen Durchmesser von 21 cm und ist mit Bariumsulfat beschichtet. An die Lichteingangsöffnung wird das OLED-Substrat mittels einer Halterung mit integrierter Kontaktierung angebracht. Als Strom- und Spannungsquelle dient eine SMU 238 der Firma Keithley Instruments, Inc. Das in das Kugelinnere emittierte und dort vielfach reflektierte Licht wird mittels eines an der Lichtausgangsöffnung angebrachten Lichtwellenleiters der Firma FIBERTECH (Kerndurchmesser 400 µm, numerische Apertur 0,22) zu einem Spektrometer (Acton Research Corporation SpectraPro-300i) mit angeschlossener ICCD-Kamera[2] (Princeton Instruments PiMax:512) geführt. Alle Geräte werden zentral von einem LabView-Programm gesteuert. In Abbildung 3.8 ist der Messaufbau nochmals schematisch dargestellt.

Messung der Abstrahlcharakteristik mittels Goniometer

Das platzsparende Drehtisch-Goniometers besteht aus zwei senkrecht aufeinander montierten Drehtischen (Newport URS-100BPP), wobei der untere Drehtisch fest mit einem optischen Tisch verbunden ist und am oberen Drehtisch die Halterung samt Kontaktierung für die OLEDs angebracht ist. In einer einstellbaren Entfernung ist ein Lichtwellenleiter angebracht, der das emittierte Licht auffängt und, wie im vorherigen Abschnitt beschrieben, weiterleitet. Durch die zwei Rotationsfreiheitsgrade lässt sich so die winkelaufgelöste Abstrahlcharakteristik einer OLED vermessen. Fakultativ kann ein Polarisationsfilter vor den Lichtwellenleiter angebracht werden, um das emittierte Licht polarisationsabhängig zu detektieren. Ein Schema des Goniometer-Messplatzes ist in Abbildung 3.9 zu sehen.

3.3.4 Qualitative Photolumineszenzmessungen

Eine weitere Methode zum besseren Verständnis der Eigenschaften von OLEDs bietet die Photolumineszenzmessung (PL-Messung). Diese erlaubt es, die optischen Eigenschaften einer OLED weitgehend isoliert von ihren elektrischen Eigenschaften betrachten zu können und mit einer Referenz-OLED zu vergleichen. Hierfür wird der gleiche Aufbau wie in Kapitel 3.3.3 beschrieben verwendet. Er unterscheidet sich nur

[2]Englisch für *intensified charge-coupled device.*

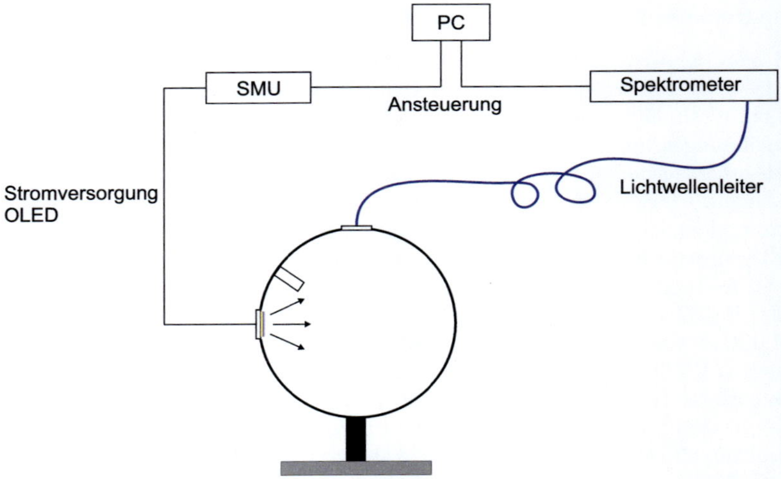

Abbildung 3.8: Charakterisierungssystem für die Aufnahme des über alle Raumwinkel emittierten Lichts einer OLED.

dadurch, dass die OLED nun nicht elektrisch sondern optisch über UV-Strahlung angeregt wird. Ein UV-Laser (Explorer Scientific All Solid State UV Laser, EXPL-349-120-CDRH [125]) der Firma Newport dient dabei als Quelle. Die Laserstrahlung mit einer Wellenlänge von 349 nm wird dazu in einen UV-beständigen Lichtwellenleiter eingekoppelt, dessen anderes Ende am unteren Drehtisch des Goniometers festgemacht ist. Über eine Linse wird das Laserlicht auf die aktive Fläche der OLED gelenkt, wo es einen Fleck von ca. 3 mm Durchmesser zum Leuchten anregt. Dieses Licht wird nun wie in Kapitel 3.3.3 beschrieben detektiert, wobei vor dem Lichtwellenleiter ein UV-Filter angebracht ist, um eventuell von der OLED reflektiertes UV-Licht heraus zu filtern.

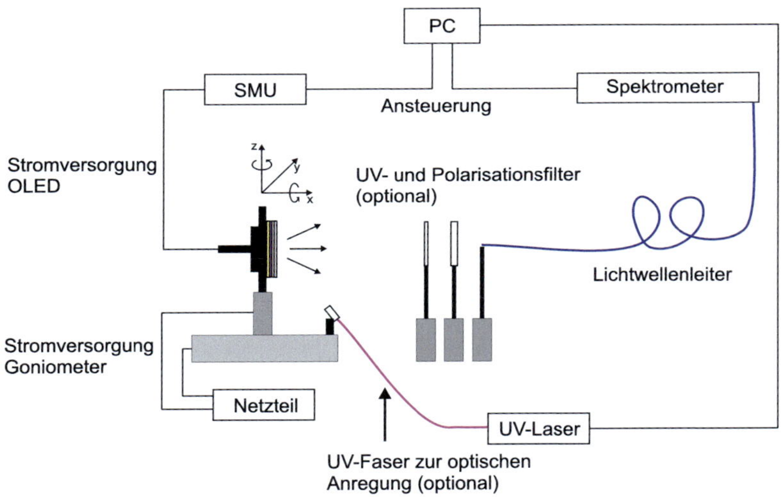

Abbildung 3.9: Charakterisierungssystem für das winkelaufgelöste Abstrahlverhalten einer OLED. Es kann sowohl elektrisch als auch optisch über einen UV-Laser angeregt werden.

4 Maßgeschneiderte Komposit-Lochtransportschichten

Zusammenfassung[1]

In diesem Kapitel wird der Herstellungsprozess von Kompositschichten bestehend aus SiO_2-Nanopartikeln und PEDOT:PSS erläutert und diese hinsichtlich ihrer Dicke, Oberflächenbeschaffenheit, lateralen Leitfähigkeit und Absorption untersucht. Die optischen und elektrischen Eigenschaften der Kompositschichten lassen sich durch geeignete Parameterwahl maßschneidern. Da sie einen sehr geringen Absorptionskoeffizienten aufweisen und dennoch eine ausreichende Leitfähigkeit besitzen, können sie als Lochtransportschicht in OLEDs eingesetzt werden. Die in die OLEDs eingebrachten Nanostrukturen erweisen sich ab einem bestimmten SiO_2-Gehalt als effizienzsteigernd, was teilweise auf eine verbesserte Auskopplung zurückgeführt werden kann. Eine OLED mit einem SiO_2-Gehalt von 84 % erreicht dabei eine um 64 % erhöhte Effizienz im Vergleich zu einer Referenz-OLED.

Darüber hinaus werden diese Kompositschichten als Matrix für größere Nanopartikel, die darin als Streuzentren fungieren, eingesetzt. Dabei lässt sich gegenüber den OLEDs mit Kompositschichten ohne größere Streupartikel die Effizienz um weitere 20 % steigern.

---

[1] Teile dieses Kapitels wurden bereits in folgenden Publikationen veröffentlicht:
(a) B. Riedel *et al.*, *Tailored Highly Transparent Composite Hole Injection Layer Consisting of PEDOT:PSS and SiO_2 Nanoparticles for Efficient Polymer Light Emitting Diodes*, Adv. Mater. **23**, 740 (2010).
(b) B. Riedel *et al.*, *Incorporating Nanocolloidal Particles in Polymer Light Emitting Diodes*, Proc. TPE (2008).

4.1 SiO_2-PEDOT:PSS-Kompositschichten

Wie in Kapitel 3.3.1 erwähnt, kann man durch das gezielte Einstellen der Dicken der organischen Schichten innerhalb einer OLED das Modenprofil der geführten Moden optimieren. Darüber hinaus spielt Absorption innerhalb der dünnen organischen Schichten eine große Rolle. Daher wäre es wünschenswert, über organische Materialien zu verfügen, die keine, bzw. eine vernachlässigbare Absorption aufwiesen. Dann ließe sich durch Änderung der Schichtdicken, das Modenprofil der OLED für eine effiziente Auskopplung optimieren, ohne dass dabei mehr Photonen absorbiert werden würden.

Eine Möglichkeit, diesem Ansatz einen Schritt näher zu kommen, bieten Kompositschichten bestehend aus oxidischen Nanopartikeln und PEDOT:PSS, deren Schichtdicken sich über eine große Spannweite variieren lassen, ohne dass sich dadurch ihre elektrischen Eigenschaften so stark verändern, dass der OLED-Betrieb gefährdet ist. Im Allgemeinen werden anorganische Nanopartikel für verschiedene keramische, medizinische und optische Anwendungen entwickelt. Es handelt sich dabei bevorzugt um sphärische Partikel, die dadurch z. B. in Polymer-Matrix-Kompositen zu hohen Packungsdichten führen können. Die Herstellung erfolgt über nasschemische Verfahren wie z. B. Emulsions- und Fällverfahren, Aerosolmethoden oder Sol-Gel-Technologie [126].

Einer der bekanntesten Vertreter der oxidischen Nanopartikel ist das SiO_2. Es wird unter anderem von W.R. Grace & Co.-Conn. unter dem Namen Ludox™ hergestellt und durch Sigma-Aldrich vertrieben. Bei Ludox handelt es sich um eine kolloide, wässrige Dispersion von 20 nm - 30 nm großen, sphärischen SiO_2-Nanopartikeln. Die Dispersion hat einen Feststoffanteil von 34 Gew.-% und eine Dichte von 1,23 g/ml (bei 25 °C) [127]. Der Brechungsindex liegt - je nach Herstellungsmethode - zwischen 1,45 und 1,55 [128].

Da sowohl die SiO_2-Nanopartikel als auch PEDOT:PSS (siehe Kapitel 3.1.2) in wässrigen Dispersionen vorliegen, lassen sie sich gut miteinander vermischen. Wie aus beiden Rohmaterialien dicke, transparente und leitfähige Schichten hergestellt werden können, wird im Folgenden behandelt.

4.1.1 Kompositschichtpräparation

Um genauere Aussagen über die Eigenschaften der Kompositschichten machen zu können, werden mehrere Mischungen mit unterschiedlichen Verhältnissen der Ausgangssuspensionen angesetzt. Eine solche Mischung wird hergestellt, indem man ein bestimmtes Volumen der PEDOT:PSS-Dispersion PH500 in ein 2 ml fassendes, verschließbares Glasfläschchen pipettiert und ein entsprechendes Volumen der SiO_2-Nanopartikel-Dispersion Ludox hinzugefügt. Das Mischungsverhältnis der Volumina von PH500 und Ludox (im Folgenden als P:L bezeichnet) variiert von 50:1 bis 1:1. Um eine etwas aussagekräftigere Größe zur Hand zu haben, wird das Mischungsverhältnis auf den relativen Volumenanteil der Feststoffe von PH500 und Ludox explizit ohne Einbeziehung des Volumens von Wasser umgerechnet, da die fertig prozessierten Kompositschichten kein Wasser mehr enthalten. PH500 hat laut Herstellerangaben einen durchschnittlichen Feststoffanteil von ca. 1.2 Gew.-% [106]. Der Feststoffanteil von Ludox ist mit 34 Gew.-% angegeben [127]. Unter Einbeziehung der jeweiligen spezifischen Dichten von PEDOT:PSS und SiO_2-Nanopartikel und der Dichten ihrer Dispersionen, lassen sich die ursprünglichen Mischungsverhältnisse P:L 50:1 bis 1:1 als relative Volumenanteile der SiO_2-Nanopartikel von 24 % bis 94 % ausdrücken. Im Folgenden wird zur Vereinfachung nur noch von einem SiO_2-Gehalt gesprochen. Dementsprechend variiert der PEDOT:PSS-Gehalt von 76 % bis 6 %.

Es wird ferner eine Mischung, die zu gleichen Teilen aus PH500 und Wasser besteht, angesetzt, um eine dünne Referenzschicht aus purem PEDOT:PSS herzustellen. Alle Mischungen werden vor ihrer Verwendung für kurze Zeit ins Ultraschallbad gestellt, um eventuell auftretende Agglomerationen zu lösen. Die genauen Mischungsverhältnisse sind in Tabelle 4.1 aufgelistet.

Mischungsverhältnis P:L	SiO_2-Gehalt / %	PEDOT:PSS-Gehalt / %	Drehzahl / rpm
P:Wasser 1:1	0	100	1000 - 5000
50:1	24	76	1000 - 5000
20:1	44	56	1000 - 5000
10:1	61	39	1000 - 5000
5:1	76	24	1000 - 5000
3:1	84	16	1000 - 5000
2:1	89	11	1000 - 5000
1:1	94	6	1000 - 5000

Tabelle 4.1: Mischungsverhältnisse der Ausgangssuspensionen, ihr jeweiliger SiO_2- und PEDOT:PSS-Gehalt und Aufschleudergeschwindigkeiten, mit denen Kompositschichten hergestellt werden (P steht für PH500, L steht für Ludox). Die Referenzmischung ohne SiO_2-Nanopartikel ist rot gekennzeichnet.

Nun werden die angesetzten Mischungen mittels Aufschleudern (siehe Kapitel 3.2.2) auf zuvor, wie in Kapitel 3.2.1 beschrieben, gereinigte Glassubstrate appliziert. Die Aufschleuderparameter werden dabei variiert. Alle Proben werden für 5 Sekunden bei 500 rpm (engl. *revolutions per minute*[2]) vorgeschleudert und dann auf die in Tabelle 4.1 gegebenen Drehzahlen beschleunigt. Nach der 30 Minuten dauernden Trocknung im Vakuumofen bei ca. 130 °C sind die Schichten fertig prozessiert und können charakterisiert werden.

4.1.2 Strukturelle, elektrische und optische Eigenschaften

In den folgenden Unterkapiteln werden wie in Kapitel 3.3.1 beschrieben die strukturellen und optoelektronischen Eigenschaften der Kompositschichten (inklusive der puren PEDOT:PSS-Referenzschichten) näher untersucht. Da diese Schichten in einer Handschuhbox unter Stickstoffatmosphäre hergestellt werden, werden sie auch zuerst auf ihren Flächenwiderstand hin untersucht, da sich der 4-Punkt-Messplatz ebenfalls in einer Handschuhbox befindet. Danach werden an Umgebungsluft Dicke, Oberflächenrauheit und Absorption der Schichten bestimmt.

Schichtdicke und Oberflächenrauheit

Die Kompositschichten zeichnen sich vor allem durch ihre große Schichtdicke im Vergleich zur reinen PEDOT:PSS-Schicht aus. Schon eine Mischung mit einem SiO_2-Gehalt von 24 % erhöht die Schichtdicke um mehr als das fünffache. Bei einem SiO_2-Gehalt von 94 % erreicht man Schichtdicken von mehr als 1,5 µm, wenn man die Mischung mit 1000 rpm aufschleudert. Bei einer Geschwindigkeit von 5000 rpm werden ca. 715 nm erreicht. Bei dieser Aufschleudergeschwindigkeit beträgt die Standardabweichung lediglich in einem Fall ca. 10 %. Für alle anderen Mischungen ist sie geringer, was für eine sehr gute Reproduzierbarkeit der Schichtdicken spricht. Die Messdaten sind in Abbildung 4.1 graphisch dargestellt.

Es zeigt sich, dass die quadratische Oberflächenrauheit R_q selbst bei großen Schichtdicken sehr klein ist. Dies ist eine Vorraussetzung für den Einsatz der Kompositschichten in OLEDs. Die Daten sind in Tabelle 4.2 für Schichten, die bei 5000 rpm hergestellt wurden, aufgelistet.

Laterale Leitfähigkeit

Um die laterale Leitfähigkeit bestimmen zu können, müssen nach Gleichung 3.6 zunächst Flächenwiderstand und Schichtdicke bekannt sein. In Abbildung 4.2(a) sind die Flächenwiderstände aller Kompositschichten in Abhängigkeit von der Drehzahl

[2] zu deutsch: Umdrehungen pro Minute

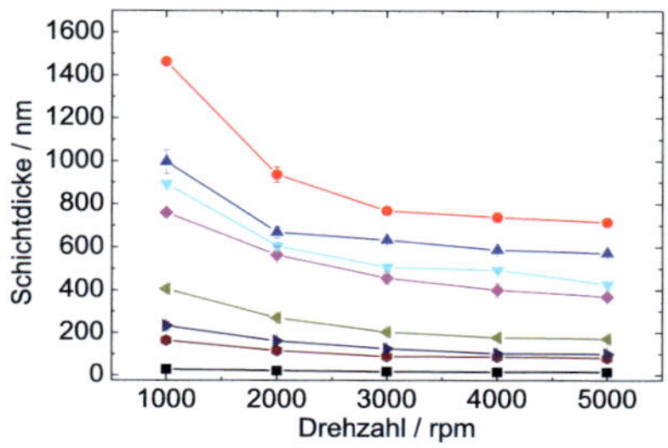

(a) Schichtdicke über Aufschleudergeschwindigkeit

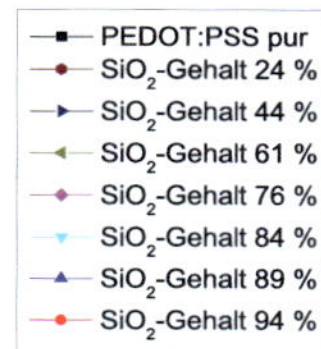

(b) Legende

Abbildung 4.1: Schichtdicke der verschiedenen Kompositschichten in Abhängigkeit von der Drehzahl.

relativer Volumenanteil SiO_2-Nanopartikel / %	Schichtdicke / nm	Standard-abweichung / nm	quadratische Rauheit R_q / nm
0	14,9	2,7	0,7
24	80,5	2,6	2,1
44	100,1	10,6	1,2
61	170,7	7,7	2,2
76	368,0	12,6	3,6
84	426,7	28,3	3,9
89	572,0	4,2	3,2
94	714,7	7,6	6,8

Tabelle 4.2: Schichtdicke, Standardabweichung und quadratische Rauheit R_q für Kompositschichten, die aus den verschiedenen Mischungen bei einer Drehzahl von 5000 rpm hergestellt wurden.

gegeben. Wie zu erwarten, weisen dünnere Schichten des gleichen Kompositmaterials höhere Flächenwiderstände auf. Vergleicht man jedoch die verschiedenen Kompositschichten unabhängig von der Aufschleudergeschwindigkeit, so fällt auf, dass die Referenzschichten aus purem PEDOT:PSS nicht in die Folge der anderen Kompositschichten passen. Bestimmt man nun aus den Werten der Schichtdicken und der Flächenwiderstände die Leitfähigkeiten, so sollte sich ein konstanter Wert für jedes Kompositmaterial ergeben. Dies ist nur bedingt der Fall, wie in Abbildung 4.2(b) zu sehen ist. Besonders zu kleinen Leitfähigkeiten hin, wird die Variation größer, da die Messung von großen Widerständen ungenauer wird. Dies spiegelt sich auch in Abbildung 4.2(c) wider, wo die über die verschiedenen Schichtdicken gemittelten Leitfähigkeitswerte über dem SiO_2-Gehalt aufgetragen sind. Die Leitfähigkeit der PEDOT:PSS-Schicht liegt mit 0,73 Scm^{-1} etwas unter den Herstellerangaben von ca. 1 Scm^{-1} [129]. Man sieht deutlich, dass die zwei Kompositschichten mit einem SiO_2-Gehalt von 24 % und 44 % eine mit 1,48 Scm^{-1} bzw. 1,17 Scm^{-1} höhere Leitfähigkeit als die pure PEDOT:PSS-Schicht aufweisen. Dieses Verhalten wird einer Änderung der Morphologie zugeschrieben. Ähnlich wie bei der Zugabe von DMSO (siehe Kapitel 3.1.2) könnten die nanoskopisch kleinen Partikel eine für die laterale Leitfähigkeit günstigere Ausrichtung der PEDOT:PSS-Moleküle während des Aufschleuderns, bzw. während der Trocknungsphase bewirken. Alle anderen Kompositschichten weisen eine deutlich geringere Leitfähigkeit auf. Dies ist insofern auffällig, da selbst OLEDs mit Kompositschichtdicken von über 700 nm, deren laterale Leitfähigkeit etwa um einen Faktor 100 kleiner ist, gut funktionieren. Wie in Kapitel 4.1.2 noch zu sehen sein wird, ist der Anteil des PEDOT:PSS in der Kompositschicht auf unter 4 % gesunken. In leitfähigen Kompositen unterliegen die Anteile, die für die Leitfähigkeit verantwortlich sind, einer Perkolationsschwelle, unter welcher die Leitfähigkeit des gesamten Kompositmaterials zusammenbricht. Üblicherweise bestehen diese Anteile aus Nanokristallen [130] oder Kohlenstoff-Nanoröhrchen [131], die zusammenhängende Strompfade ausbilden. Bei den hier verwendeten Kompositschichten sind nun nicht die Nanopartikel sondern das Polymer PEDOT:PSS für die Leitfähigkeit verantwortlich. Da die Leitfähigkeit aber nicht zusammenbricht, ist davon auszugehen, dass sich selbst ein sehr geringer PEDOT:PSS-Anteil netzartig um die Nanopartikel legt und sich so noch genügend Strompfade ausbilden können.

Absorption

Wie in Kapitel 3.3.1 bereits erläutert, lässt sich der Absorptionsgrad einer dünnen Schicht über die Messungen von Reflexions- und Transmissionsgrad derselbigen bestimmen. In Abbildung 4.3(a) ist der Transmissionsgrad für die verschiedenen Kompositschichten, die bei einer Drehzahl von 5000 rpm hergestellt wurden, zu sehen. Die PEDOT:PSS-Schicht liegt mit ca. 90 % Transmissionsgrad bei einer Wellen-

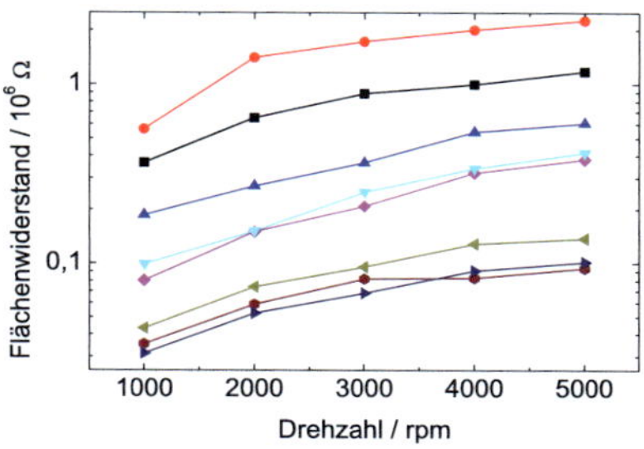

(a) Flächenwiderstand der Kompositschichten in Abhängigkeit von der Drehzahl.

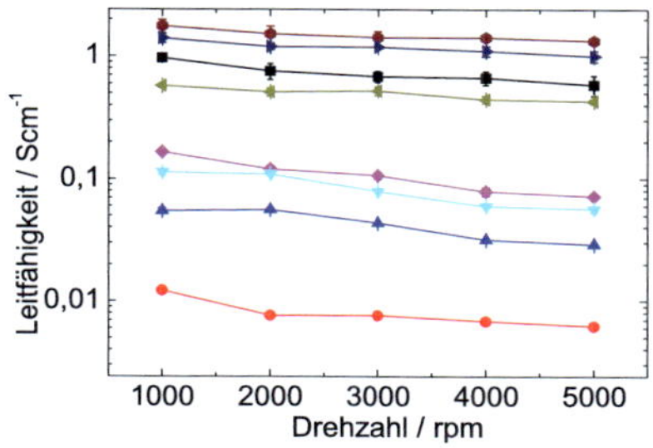

(b) Laterale Leitfähigkeit der verschiedenen Kompositschichten.

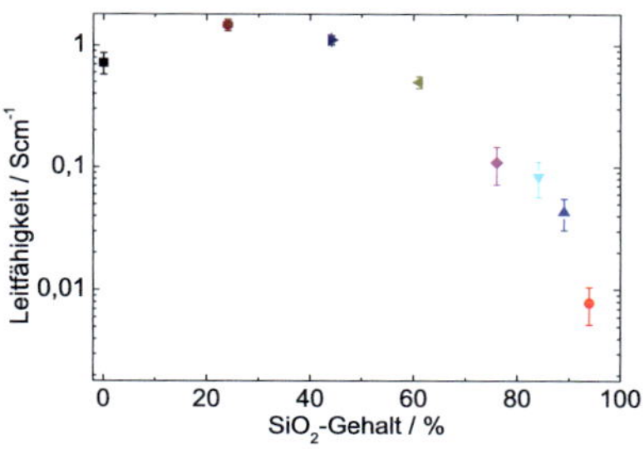

(c) Über die verschiedenen Schichtdicken gemittelte lateral Leitfähigkeit der Kompositschichten.

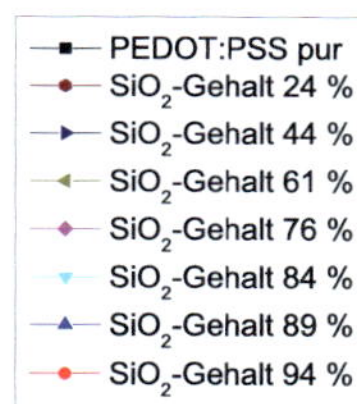

(d) Legende

Abbildung 4.2: Aus den Flächenwiderständen in (a) und den Schichtdicken aus Abbildung 4.1 der einzelnen Kompositschichten lassen sich die lateralen Leitfähigkeiten (b) der jeweiligen Kompositmischungen ermitteln. In (c) sind die gemittelten Werte der Leitfähigkeit aller Schichten aus jeweils einem Kompositmaterial aufgetragen.

länge von 550 nm etwas über dem Mittel aller Proben. Die Kompositschichten, die einen hohen SiO_2-Gehalt aufweisen liegen etwas darüber, die mit einem niedrigen SiO_2-Gehalt etwas darunter. Auffällig für alle Kompositschichten sind die Dünnschichtinterferenzeffekte, die in Abbildung 4.3(b), welche den Reflexionsgrad zeigt, noch stärker hervortreten. Je dicker die Schichten sind, desto mehr Interferenzen treten auf. Allein die PEDOT:PSS-Schicht zeigt aufgrund ihrer geringen Dicke keine Interferenzeffekte. Ihr Reflexionsgrad liegt mit ca. 8,5 % (bei 550 nm) etwa 1 % über dem der Kompositschichten.

Der Absorptionsgrad der Kompositschichten ist in Abbildung 4.3(c) zu sehen. Die PEDOT:PSS-Schicht weist die geringste Absorption auf. Obwohl die Kompositschichten mit einem hohen SiO_2-Gehalt eine viel größere Dicke aufweisen, haben sie dennoch einen geringeren Absorptionsgrad als die Kompositschichten mit einem geringen SiO_2-Gehalt. Um sowohl die Kompositschichten untereinander als auch mit der PEDOT:PSS-Schicht vergleichen zu können, werden ihre jeweiligen Absorptionskoeffizienten nach Gleichung 3.8 berechnet und in Abbildung 4.3(d) graphisch dargestellt. Es ist zu sehen, dass PEDOT:PSS mit 5278 cm^{-1} bei 550 nm einen ca. 25 mal höheren Absorptionskoeffizienten aufweist, als das Kompositmaterial mit einem SiO_2-Gehalt von 94 % mit ca. 207 cm^{-1}. Diesem SiO_2-Gehalt von 94 % entspricht ein PEDOT:PSS-Gehalt von 6 % in der Ausgangsmischung. Alle anderen Kompositmaterialien liegen mit ihren Absorptionskoeffizienten dazwischen. Es ist festzustellen, dass mit fallendem SiO_2-Gehalt, bzw. mit steigendem PEDOT:PSS-Gehalt der Absorptionskoeffizient zunimmt, wobei die Zunahme im Rahmen einer gewissen Schwankung proportional zum PEDOT:PSS-Gehalt ist. Alle Absorptionskoeffizienten für die Wellenlänge von 550 nm sind in Tabelle 4.3 aufgelistet.

Morphologie

Um mehr über den strukturellen Aufbau der Schichten zu erfahren, werden Querschnitte der Schichten durch FIB-Schneiden (siehe Kapitel 3.3.1) angefertigt und diese mit einem REM näher untersucht. Abbildung 4.4 zeigt eine Folge von solchen REM-Aufnahmen von fertig prozessierten OLEDs, die Kompositschichten mit einem SiO_2-Gehalt von 61 % bis 94 % enthalten. Zu sehen sind das Substrat, die Kompositschicht, die Emitterschicht aus Super Yellow und eine Kathode aus Calcium und Aluminium. Der Unterschied zwischen den Proben besteht einerseits in der unterschiedlichen Dicke der Kompositschicht und andererseits in ihrer Morphologie. Die Schicht mit einem SiO_2-Gehalt von 61 % ist noch relativ dünn und man erkennt, dass der Anteil des PEDOT:PSS (dunkle Bereich innerhalb der Kompositschicht) gegenüber dem der SiO_2-Nanopartikel (hellere Bereiche innerhalb der Kompositschicht) zwar gering, aber dennoch gut auszumachen ist. Betrachtet man die Proben mit höherem SiO_2-Gehalt, so stellt man eine größere Schichtdicke und eine Zunahme

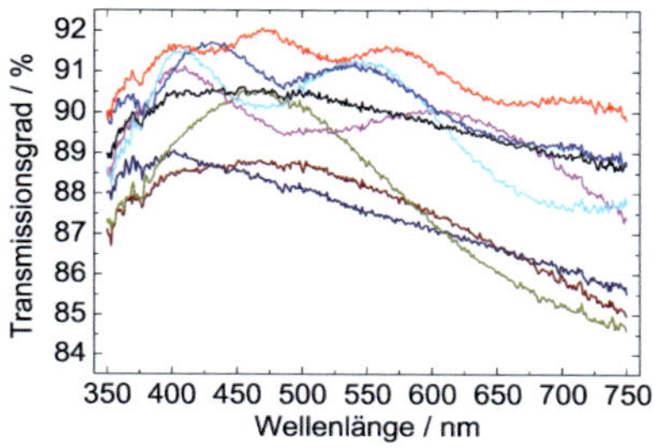

(a) Transmissionsgrad

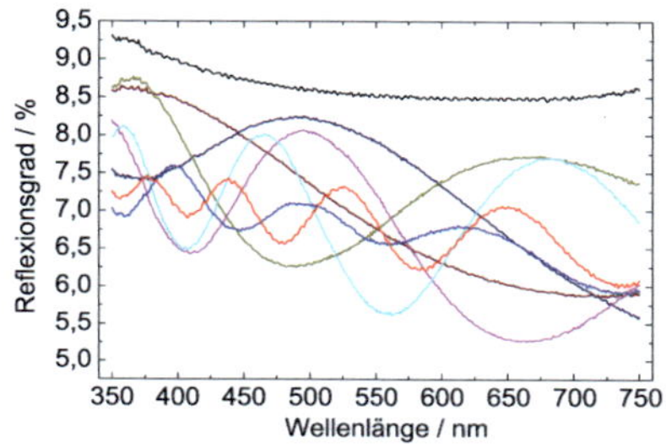

(b) Reflexionsgrad

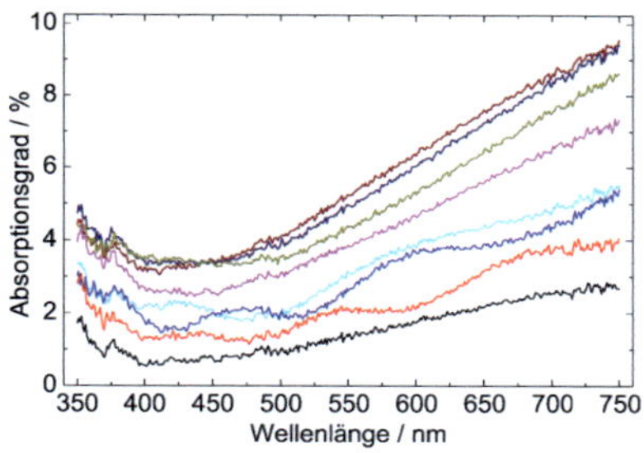

(c) Absorptionsgrad

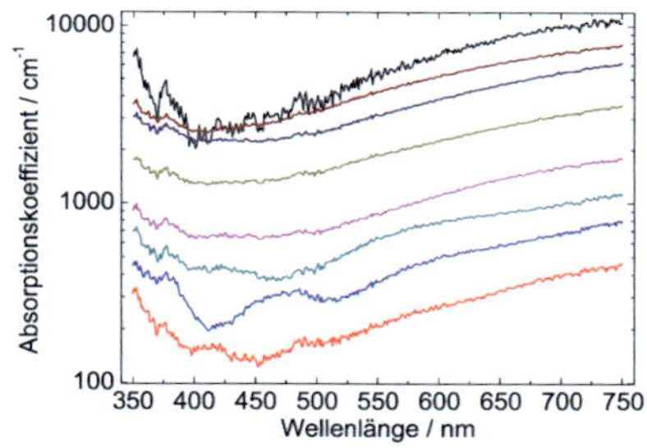

(d) Absorptionskoeffizient

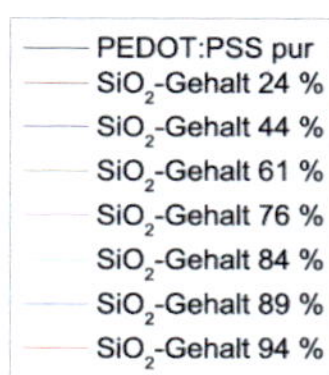

(e) Legende

Abbildung 4.3: Gemessener Transmissionsgrad (a) und Reflexionsgrad (b) für die verschiedenen Kompositschichten aufgebracht bei einer Drehzahl von 5000 rpm. Aus A = 1 - T - R ergibt sich der Absorptionsgrad (c), und unter Einbeziehung der Schichtdicken lässt sich der Absorptionskoeffizient (d) berechnen.

der hellen Bereiche innerhalb der Kompositschichten fest. Gleichzeitig werden die dunklen Flecken, die dem PEDOT:PSS entsprechen, immer kleiner und seltener.

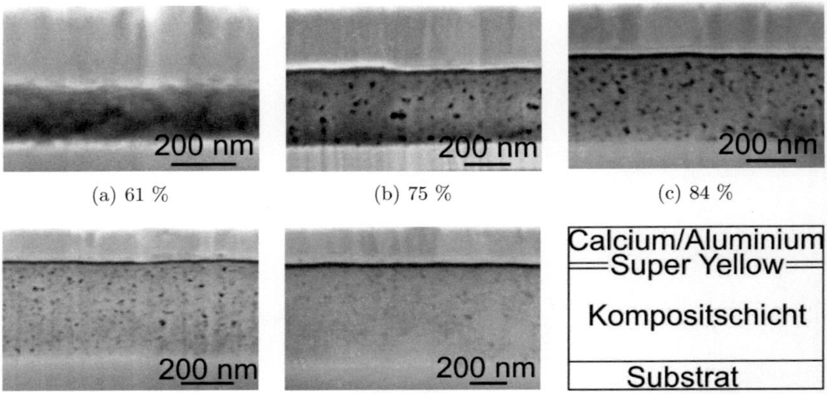

(a) 61 % (b) 75 % (c) 84 %

(d) 89 % (e) 94 % (f) Schematische Zeichnung

Abbildung 4.4: REM-Aufnahmen der Querschnitte von OLEDs mit Kompositschichten mit einem SiO_2-Gehalt von 61 % (a), 75 % (b), 84 % (c), 89 % (d) und 94 % (e) sowie eine Schemazeichnung (f). Die Erhöhung der Schichtdicke sowie die Abnahme an dunklen Stellen innerhalb der Schichten ist deutlich zu erkennen.

Dies spricht für eine Zunahme der Ordnung innerhalb der Kompositschichten und damit einhergehend auch mit einer Zunahme des SiO_2-Volumenanteils bzw. einer Abnahme des Volumenanteils von PEDOT:PSS.

Eine alternative Abschätzung der Volumenanteile (Füllfaktoren) der Komponenten SiO_2 und PEDOT:PSS in der Kompositschicht mit einem SiO_2-Gehalt von 94 % kann wie folgt vorgenommen werden: Es wird die Morphologie der Kompositschichten als hexagonal dichteste Kugelpackung (hdp) von SiO_2-Kugeln angenommen [132]. Es wird davon ausgegangen, dass sich diese Anordnung schon während des Aufschleudervorgangs und noch vor der Trocknung der Schichten ausbildet. In einer solchen hdp-Struktur nehmen die SiO_2-Kugeln einen Füllfaktor von ca. 74 % der Einheitszelle ein, die restlichen 26 % werden von der PH500-Dispersion eingenommen [133]. Da nun wie in Kapitel 4.1.1 beschrieben die PH500-Dispersion einen durchschnittlichen Feststoffanteil von ca. 1,2 Gew.-% enthält und unter der Annahme, dass die Dichte von PEDOT:PSS 1 g/cm^3 beträgt, schrumpft der Füllfaktor von PEDOT:PSS zu 0,34 %. Diese Abschätzung gilt natürlich nur unter idealen Bedingungen, die in der Realität nicht vorkommen. So kann sich durch die leicht unterschiedliche Größe der SiO_2-Nanopartikel keine fehlerfreie Struktur ausbilden; Fehlstellen treten auf, wodurch sich der eigentliche PEDOT:PSS-Anteil vergrößern müsste. Des Weiteren lässt die Abschätzung keinen Rückschluss auf die PEDOT:PSS-Anteile der anderen Kompositschichten zu.

Eine dritte Möglichkeit, auf den PEDOT:PSS-Gehalt zu schließen, liefern die Absorptionsmessungen der Kompositschichten. Es wird angenommen, dass sich der Absorptionskoeffizient der Kompositschichten α_{KS} aus den mit ihrem Füllfaktoren FF gewichteten Absorptionskoeffizienten der Einzelkomponenten nach folgender Formel zusammensetzt:

$$\alpha_{PEDOT:PSS} \times FF_{PEDOT:PSS} + \alpha_{SiO_2} \times FF_{SiO_2} = \alpha_{KS}. \tag{4.1}$$

Der Absorptionskoeffizient des SiO_2 in den Kompositschichten wird als vernachlässigbar betrachtet und daher zu $\alpha_{SiO_2} = 0$ cm^{-1} angenommen. Somit ist nur der Anteil des PEDOT:PSS in den Kompositschichten absorbierend. Der Absorptionskoeffizient von PEDOT:PSS ergibt sich durch die Referenzmessung zu $\alpha_{PEDOT:PSS} = 5278$ cm^{-1}. Damit lässt sich über obige Formel der Füllfaktor des PEDOT:PSS ausdrücken als:

$$FF_{PEDOT:PSS} = \frac{\alpha_{KS}}{\alpha_{PEDOT:PSS}}. \tag{4.2}$$

Die ausgerechneten Füllfaktoren sowie der SiO_2-Gehalt und der PEDOT:PSS-Gehalt in den Ausgangsmischungen sind in Tabelle 4.3 aufgelistet.

Vergleicht man die Werte der Füllfaktoren mit dem relativen Volumenanteil von PEDOT:PSS in den Ausgangsmischungen, so fällt auf, dass ihre Abweichung nicht sehr groß ist. Theoretisch sollte es keine Abweichung geben, wenn man davon ausginge, dass bei der Schichtapplikation das Wasser verdunstet und nur die Kompositmaterialien zurückbleiben. Die Abweichungen werden daher auf komplexe Vorgänge beim Aufschleuder-Prozess zurückgeführt, bei welchem unterschiedlich starke Kräfte auf die unterschiedlich viskosen Kompositmaterialien wirken.

Zusammenfassend lässt sich feststellen, dass man aus SiO_2-Nanopartikeln und PEDOT:PSS Kompositschichten herstellen kann, die - je nach relativem Volumenanteil ihrer Bestandteile - in ihrer Schichtdicke und somit auch in ihrem Flächenwiderstand und ihrer Absorption sehr variabel einstellbar sind. Insbesondere die Kompositschichten, die mit einer hohen Drehzahl appliziert werden, weisen einen

SiO_2-Gehalt / %	PEDOT:PSS-Gehalt / %	Absorptions-koeffizient / cm^{-1}	Füllfaktor PEDOT:PSS / %
0	100	5278,4	100
24	76	4239,0	80,3
44	56	3126,7	59,2
61	39	1881,8	35,7
76	24	876,1	16,6
84	16	642,3	12,2
89	11	364,2	6,9
94	6	206,6	3,9

Tabelle 4.3: SiO_2- und PEDOT:PSS-Gehalt für Kompositschichten, die aus verschiedenen Mischungen bei einer Drehzahl von 5000 rpm hergestellt wurden, sowie ihr Absorptionskoeffizient und die daraus errechneten Füllfaktoren des PEDOT:PSS.

sehr niedrigen Volumenanteil von PEDOT:PSS und damit einhergehend einen sehr niedrigen Absorptionskoeffizienten auf.

4.2 OLEDs mit SiO_2-PEDOT:PSS-Kompositschichten

Da die SiO_2-PEDOT:PSS-Kompositschichten in ihren optischen und elektrischen Eigenschaften den puren PEDOT:PSS-Schichten ähneln, stellt sich die Frage, inwieweit sie sich für den Einsatz in OLEDs eignen. Um dies zu untersuchen, werden OLEDs, die sowohl Kompositschichten als auch pure PEDOT:PSS-Schichten enthalten, hergestellt und charakterisiert.

4.2.1 OLED-Herstellung

Die für die OLED-Herstellung verwendeten Materialien und Technologien sind in den Kapiteln 3.1 und 3.2 detailliert beschrieben. Auf die gereinigten und mit ITO beschichteten Substrate wird die Lochtransportschicht aus PEDOT:PSS bzw. aus den zuvor beschriebenen Kompositmischungen aufgeschleudert. Nach der Trocknung der Schichten wird eine etwa 50 nm dicke Schicht aus dem Emittermaterial Super Yellow (siehe Kapitel 3.1.3) aufgeschleudert und eine Kathode bestehend aus ca. 50 nm Calcium und eine Schutzschicht aus ca. 200 nm Aluminium aufgedampft.

Abschließend werden die fertigen OLEDs verkapselt, um sie auch an Umgebungsluft betreiben zu können. Die Prozessschritte sind nochmals ausführlich im Anhang in Abbildung A.1 schematisch dargestellt und die Prozessparameter können im Einzelnen in Tabelle A.1 nachgesehen werden.

Eine schematische Darstellung, samt einer REM-Aufnahme des Querschnitts einer OLED mit einer Kompositschicht ist in Abbildung 4.5 zu sehen. Man kann deutlich

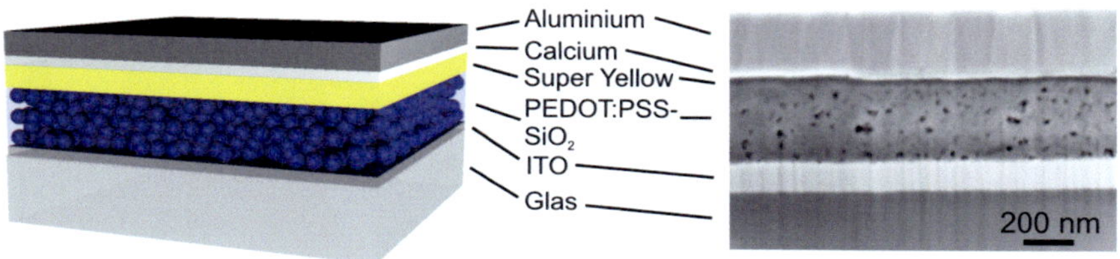

Abbildung 4.5: Schema und REM-Aufnahme eines Querschnitts einer OLED, die eine PEDOT:PSS-SiO_2-Kompositschicht enthält.

erkennen, dass die Kompositschicht sehr viel dicker ist als eine herkömmliche, pure PEDOT:PSS-Schicht, deren Dicke in der Regel bei 15 nm bis 30 nm liegt.
Ein Bild einer leuchtenden OLED mit einer Kompositschicht ist in Abbildung 4.6 zu sehen. Man erkennt deutlich die drei restlichen OLEDs mit ihren Calcium-Kathoden. Des Weiteren sind die vier Kontaktstifte, die für die Stromversorgung der zwei unteren OLEDs verantwortlich sind, zu sehen.

4.2.2 Elektrolumineszenzmessungen

Die fertig prozessierten OLEDs werden im OCS (siehe Kapitel 3.3.2) hinsichtlich ihrer Strom-Spannungs-Charakteristik und ihrer lichttechnischen Eigenschaften sowie Effizienzen vermessen. Da aus statistischen Gründen immer mindestens zwei Substrate mit denselben Parametern hergestellt werden sollten und es aus prozesstechnischen Gründen nicht möglich ist, mehr als neun Substrate auf einmal in der Aufdampfanlage zu metallisieren, werden die Substrate auf zwei Chargen verteilt. In jeder Charge gibt es mindestens ein Referenz-Substrat mit einer puren PEDOT:PSS-Schicht und mindestens zwei Substrate mit derselben Kompositschicht. Da sich auf jedem Substrat vier OLEDs befinden, gibt es mindestens vier, bzw. acht OLEDs mit denselben Parametern, was die Aussagekraft der Ergebnisse erhöht. Die innerhalb einer Charge gleich prozessierten OLEDs, insbesondere die vier OLEDs auf einem Substrat, sind sich in der Regel in ihren Eigenschafen sehr ähnlich und werden daher zu ihrem Durchschnitt zusammengefasst; sollte eine Probe vom Rest zu sehr abweichen, wird ihr Ergebnis in der Auswertung nicht berücksichtigt. Die Ergebnisse zweier Chargen können jedoch nur bedingt miteinander verglichen werden, da es im gesamten Herstellungsprozess zu viele unbekannte und nicht immer unter der Kontrolle des Experimentators befindliche Parameter gibt.

Zuerst werden die Ergebnisse der ersten Charge diskutiert. Neben der Referenz-OLED werden die Komposit-OLEDs, die einen geringen SiO_2-Gehalt von 24 %, 44 %, und 61 % aufweisen, diskutiert. Die Strom-Spannungs-Kennlinie ist in Abbildung 4.7(a) dargestellt. Es fällt auf, dass die OLED mit einem SiO_2-Gehalt von 24 % sowohl unterhalb der Einsatzspannung von ca. 3 V als auch oberhalb die höchste Stromstärke aufweist, was für einen erhöhten Leckstrom in dieser OLED spricht. Die anderen OLEDs mit Kompositschichten liegen etwas darunter. Die Referenz-OLED zeigt die niedrigste Stromstärke. Die Leuchtdichten der OLEDs in Abhängigkeit von der Spannung in Abbildung 4.7(b) zeigen ein etwas anderes Bild. Die OLED mit einem SiO_2-Gehalt von 61 % zeigt die höchste Leuchtdichte, gefolgt von den anderen Komposit-OLEDs. Die Referenz-OLED weist die niedrigste Leuchtdichte auf, jedoch ist der Abstand zu den anderen OLEDs etwas kleiner.

Die Effizienzen der OLEDs sind in Abbildung 4.7(c) und 4.7(d) zu sehen. Dabei ist festzustellen, dass die Referenz-OLED die höchsten Effizienzen aufweist. Sie erreicht bei einer Spannung von 4 V eine Lichtausbeute von ca. 8 lm/W (siehe Abbildung 4.7(c)) und eine Stromeffizienz von ca. 10 cd/A (siehe Abbildung 4.7(d)). Bemerkenswerterweise ist deutlich zu erkennen, dass die Effizienz der Komposit-OLEDs mit steigendem SiO_2-Gehalt nicht ab- sondern zunimmt.

In Abbildung 4.8(a) sind die Strom-Spannungs-Kennlinien der OLEDs der zweiten Charge aufgetragen. Die Referenz-OLED, gefolgt von der OLED mit einem SiO_2-Gehalt von 94 %, zeigt die höchste Stromstärke. Die Kurven der anderen Komposit-OLEDs sind sehr ähnlich und liegen etwas darunter. Die Leuchtdichten der untersuchten OLEDs sind in Abbildung 4.8(b) über der Spannung dargestellt. Die Komposit-OLEDs mit einem SiO_2-Gehalt von 94 % und 84 % zeigen dabei die höchsten Werte. Die Kurven der anderen Komposit-OLEDs sowie der Referenz-OLED liegen deutlich darunter.

Wie effizient die Komposit-OLEDs im Vergleich zur Referenz-OLED sind, lässt sich anhand der Schaubilder in Abbildung 4.8(c) und 4.8(d) nachvollziehen. Dabei ist deutlich zu erkennen, dass sich der Trend der ersten Charge fortsetzt. Die Effizienzen der Komposit-OLEDs steigen mit steigendem SiO_2-Gehalt bis zu einem Wert von 84 %. Mit größerem SiO_2-Gehalt nimmt die Effizienz wieder leicht ab; sie liegt jedoch immer noch deutlich über der der Referenz-OLED. Die Werte der Effizienzsteigerung bei einer Spannung von 4 V sind in Tabelle 4.4 gegeben. Vergleicht man die beste Komposit-OLED mit letzterer bei einer Spannung von 4 V, so ergeben sich in der Lichtausbeute Werte von ca. 9,6 lm/W zu 5,9 lm/W und in der Stromeffizienz 12,3 cd/A zu 7,5 cd/A, was einer Effizienzsteigerung von ca. 64 % entspricht.

Probenname	Effizienzsteigerung EL / %	Effizienzsteigerung PL / %
PEDOT:PSS pur	0	0
SiO_2-Gehalt 76 %	8	11
SiO_2-Gehalt 84 %	64	26
SiO_2-Gehalt 89 %	27	46
SiO_2-Gehalt 94 %	36	61

Tabelle 4.4: Effizienzsteigerungen in der EL und PL der Komposit-OLEDs im Vergleich zur Referenz-OLED.

Aus den EL-Messungen lassen sich jedoch keine eindeutigen Rückschlüsse über die Ursache der Effizienzsteigerung ziehen. Sie kann sowohl in einer Steigerung der internen Quanteneffizienz, als auch in einer Verbesserung der Auskoppeleffizienz begründet sein. Um diese Frage etwas genauer beantworten zu können, werden an der zweiten Charge winkelaufgelöste PL-Messungen wie in Kapitel 3.3.4 beschrieben durchgeführt.

4.2.3 Photolumineszenzmessungen

Die Ergebnisse sind in Abbildung 4.9 zu sehen. Allen OLEDs gemein ist die nahezu Lambertsche Abstrahlcharakteristik [134]. Die Referenz-OLED zeigt hierbei das geringste PL-Signal. Mit steigendem SiO_2-Gehalt und dadurch bedingt mit steigender Kompositschichtdicke, steigt hingegen das PL-Signal der Komposit-OLEDs an. Die Komposit-OLED mit einem SiO_2-Gehalt von 94 % weist unter 0° eine Erhöhung von ca. 61 % auf. Alle Werte sind nochmals in Tabelle 4.4 aufgeführt.

In der direkten Gegenüberstellung der Werte für die Effizienzsteigerungen in EL und PL ist zu sehen, dass die Komposit-OLED mit einem SiO_2-Gehalt von 84 % mit einer höheren Effizienzsteigerung in der EL aus dem Rahmen fällt. Alle anderen Komposit-OLEDs weisen durchweg eine höhere Effizienzsteigerung in der PL auf. Da die elektrischen Verluste in der PL-Anregung vernachlässigbar sind, erscheint diese Beobachtung plausibel. Da die Kompositschichten unterschiedlich dick sind und es sich dabei um Gemische aus PEDOT:PSS und SiO_2-Nanopartikeln handelt, die beide unterschiedliche Brechungsindizes aufweisen, muss der Effizienzsteigerung ein optischer Effekt zugrunde liegen. Die in Kapitel 2.2.4 beschriebenen geführten Moden können je nach Dicke der Kompositschichten in diesen unterschiedlich stark lokalisiert sein und somit unterschiedlich stark aus den OLEDs herausgestreut werden. Nun könnten bei der optischen Anregung durch Streuung auch mehr Photonen in die OLED hineingelangen, was eine erhöhte Absorption in der Emitterschicht und damit einhergehend auch eine erhöhte Emission von Photonen zur Folge haben könnte. Dies wird mithilfe von Reflexionsmessungen, wie sie in Kapitel 3.3.1 und Kapitel 4.1.2 erläutert sind, untersucht.

Die OLEDs werden dabei an der Ulbricht-Kugel des Spektrometers wie in Abbildung 3.7(b) gezeigt angeordnet und durch ihr Glassubstrat hindurch vermessen. Der Reflexionsgrad der OLEDs mit Kompositschichten sowie der Referenz-OLED ist in Abbildung 4.10 zu sehen. Es ist deutlich zu sehen, dass bei 449 nm - dem Absorptionsmaximum des Emittermaterials Super Yellow - der Reflexionsgrad der Referenz-OLED am niedrigsten ist und er für OLEDs mit zunehmenden SiO_2-Gehalt steigt. Dies schließt somit die zuvor erwähnte Möglichkeit einer erhöhten Absorption des Laserlichts und einer dadurch erhöhten PL aus.

Die beobachtete Effizienzsteigerung wird daher der Streuung geführter Moden zugeordnet. Dass dabei die Dicke der Kompositschichten eine Rolle spielt, ist in Abbildung 4.9 an den leicht unterschiedlichen Abstrahlprofilen der OLEDs mit Kompositschichten zu erkennen. Unter bestimmten Winkelbereichen wird etwas mehr oder etwas weniger Licht emittiert. Dieses Verhalten liegt dem sogenannten "Microcavity"[3]-Effekt zugrunde. Da OLEDs im Allgemeinen keine besonders guten Resonatoren darstellen und der Effekt eher schwach ausgeprägt ist, spricht man auch vom "Weak Microcavity"-Effekt [135].

Der Streueffekt ist demnach auch in der EL für die Erhöhung der Effizienz verantwortlich. Er wird dort aber bei den meisten Komposit-OLEDs durch elektrische Verluste abgeschwächt. Lediglich bei der OLED mit einem SiO_2-Gehalt von 84 % ist die Effizienz in der EL deutlich höher als bei der PL. Es ist davon auszugehen, dass sich das geschickte Zusammenspiel von Schichtdicke, Leitfähigkeit und Absorption der Kompositschicht positiv auf die interne Quanteneffizienz auswirkt. Da die Kompositschichten sehr dick sind, wird im Folgenden untersucht, inwieweit sie sich als Matrix für größere Streupartikel eignen.

[3] zu deutsch: Mikroresonator

4.3 TiO_2-Partikel in SiO_2-PEDOT:PSS-Kompositschichten

Die SiO_2-PEDOT:PSS-Kompositschichten weisen ab einer bestimmten SiO_2-Konzentration Dicken von über 400 nm auf. Daher bieten sie sich als Matrix für darin eingebettete, größere optische Streuzentren an. Mögliche Vertreter, die diese Rolle spielen können, sind TiO_2-Nanopartikel. Die in dieser Arbeit eingesetzten TiO_2-Nanopartikel haben einen Durchmesser von ca. 20 nm - 130 nm und werden ebenfalls durch Sigma-Aldrich vertrieben. Sie liegen in einer wässrigen Dispersion mit einem Feststoffanteil von 10 Gew.-% vor [136]. Der Brechungsindex solcher Nanopartikel häng stark von der Kristallstruktur und der Herstellungsmethode ab, er beträgt ca. 2,5 - 2,7 [137].

Da im vorherigen Abschnitt die OLEDs mit einer Kompositschicht mit einem SiO_2-Gehalt von 84 % die höchsten Effizienzen gezeigt haben, wird nun die Mischung der Ausgangssuspensionen verwendet, die in einem SiO_2-Gehalt von 84 % in den Kompositschichten resultiert. Dies ist das Mischungsverhältnis von PH500 zu Ludox von 3:1. Zu dieser Mischung wird nun ein bestimmtes Volumen einer zuvor mit Wasser im Verhältnis 10:1 verdünnten TiO_2-Dispersion, die ursprünglich einen Feststoffanteil von 10 Gew.-% besitzt, gegeben. Die drei verwendeten Mischungsverhältnisse zwischen der vorgefertigten PH500-Ludox-Dispersion und der verdünnten TiO_2-Dispersion sind 50:1, 20:1 und 10:1. Diese Mischungsverhältnisse lassen sich wiederum im SiO_2- und TiO_2-Gehalt der fertigen Kompositschichten ausdrücken. Der SiO_2-Gehalt nimmt von 84 % auf 82,3 % ab, während der TiO_2-Gehalt von 0 % auf 1,7 % steigt. Die genauen Werte sind in Tabelle 4.5 aufgelistet.

Die mit TiO_2-Partikeln versehenen Kompositschichten, werden nach der gleichen Vorgehensweise, wie bereits in Kapitel 4.1.1 beschrieben, hergestellt und charakterisiert. Einzig die Drehzahl beim Aufschleudern beträgt nun 5000 rpm. Zusätzlich werden noch Kompositschichten ohne TiO_2-Partikel sowie eine pure PEDOT:PSS-Schicht als Referenz hergestellt. Die Schichten werden dann auf ihre Schichtdicke, ihre laterale Leitfähigkeit und ihren Absorptionsgrad bei einer Wellenlänge von 550 nm hin untersucht. Die Ergebnisse sind in Tabelle 4.5 und in Abbildung 4.11 zu sehen.

Die PEDOT:PSS-Schicht weist wie schon beim vorherigen Versuch eine ähnliche Leitfähigkeit von ca. 0,75 Scm^{-1} auf und liegt mit diesem Wert deutlich über den Leitfähigkeiten der Kompositschichten (siehe Abbildung 4.11(a)). Diese bewegen sich alle im Bereich von ca. 0,08 Scm^{-1} bis 0,09 Scm^{-1}, wobei kein vom TiO_2-Gehalt abhängiger Trend zu erkennen ist. Der Absorptionsgrad der Kompositschichten liegt bei 550 nm über dem der PEDOT:PSS-Schicht (ca. 1,4 %), wobei er mit steigendem TiO_2-Gehalt und somit dünner werdender Schichtdicke von ca. 3 % auf 2,2 % fällt (siehe Abbildung 4.11(b)). In Abbildung 4.11(c) ist der sich aus Absorptions-

Abbildung 4.6: Bild eines Substrates mit einer leuchtenden Komposit-OLED. Die anderen (nicht leuchtenden) aktiven Flächen der restlichen drei OLEDs, sowie die Kontaktierungen der unteren zwei OLEDs sind gut zu erkennen.

Mischungs-verhältnis [P:L]:TiO_2	PEDOT:PSS-Gehalt / %	SiO_2-Gehalt / %	TiO_2-Gehalt / %	Schicht-dicke / nm
P:Wasser 1:1	100	0	0	21
P:L 3:1	16	84	0	427
50:1	16	83,7	0,3	440
20:1	16	83,2	0,8	395
10:1	16	82,3	1,7	305

Tabelle 4.5: Mischungsverhältnisse der Ausgangssuspensionen, ihr jeweiliger PEDOT:PSS-, SiO_2- und TiO_2-Gehalt aus denen Kompositschichten hergestellt werden. Die Mischung ohne TiO_2-Partikel sowie die Referenzmischung ohne Nanopartikel sind rot gekennzeichnet.

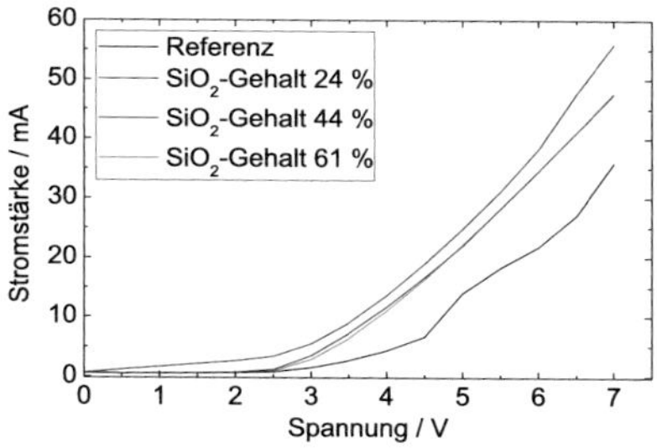

(a) Strom-Spannungs-Kennlinie

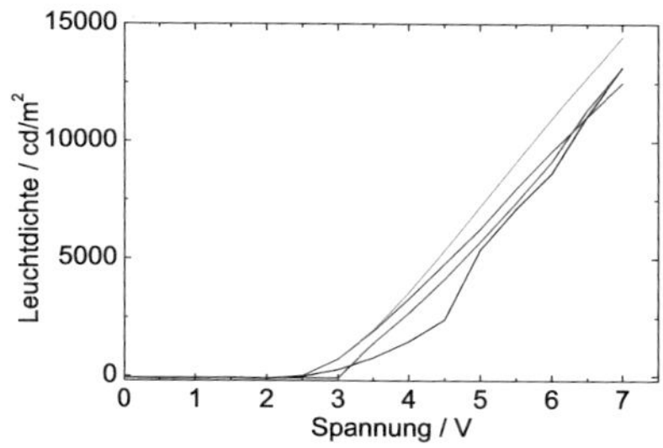

(b) Leuchtdichte

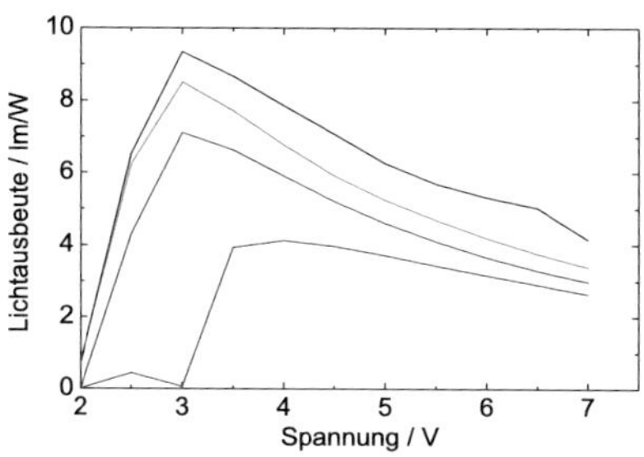

(c) Lichtausbeute

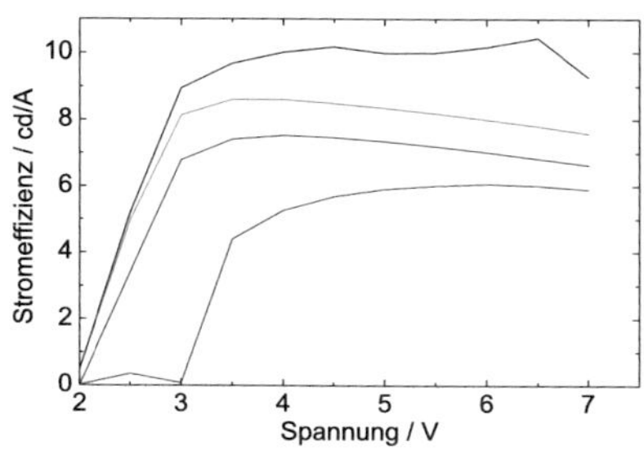

(d) Stromeffizienz

Abbildung 4.7: Stromstärke (a), Leuchtdichte (b), Lichtausbeute (c) und Stromeffizienz (d) in Abhängigkeit von der angelegten Spannung von OLEDs mit verschiedenen Kompositschichten verglichen mit einer Referenz-OLED mit einer puren PEDOT:PSS-Schicht.

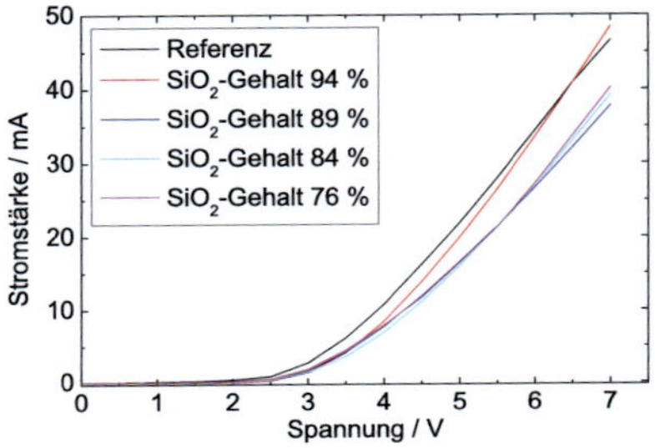

(a) Strom-Spannungs-Kennlinie

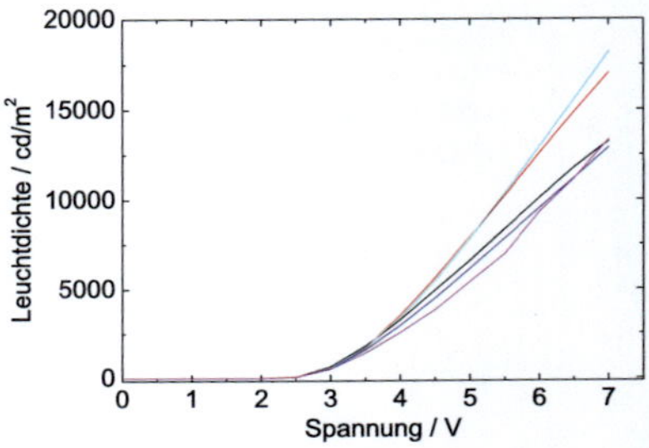

(b) Leuchtdichte

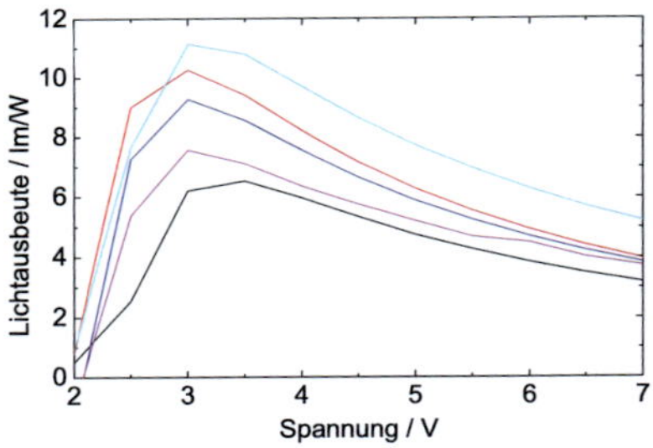

(c) Lichtausbeute

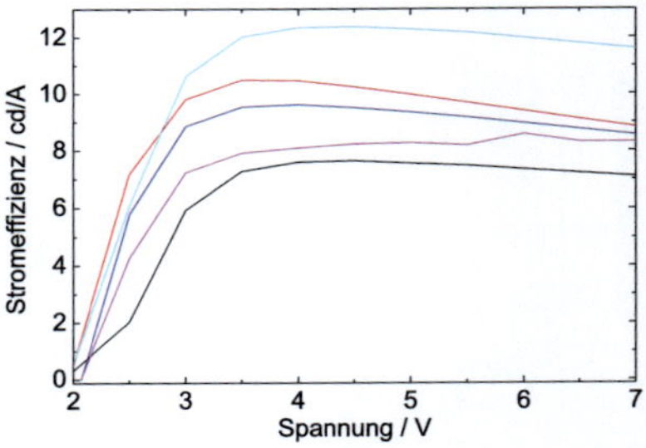

(d) Stromeffizienz

Abbildung 4.8: Stromstärke (a), Leuchtdichte (b), Lichtausbeute (c) und Stromeffizienz (d) in Abhängigkeit von der angelegten Spannung von OLEDs mit verschiedenen Kompositschichten verglichen mit einer Referenz-OLED mit einer puren PEDOT:PSS-Schicht.

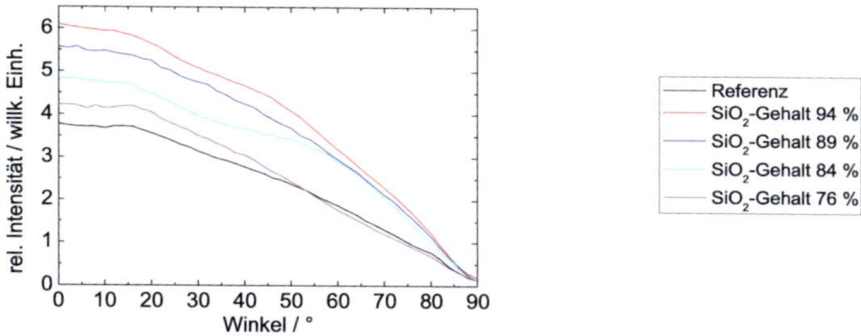

(a) Strom-Spannungs-Kennlinie

(b) Legende

Abbildung 4.9: Winkelaufgelöste PL-Messung der OLEDs mit verschiedenen Kompositschichten verglichen mit einer Referenz-OLED mit einer puren PEDOT:PSS-Schicht.

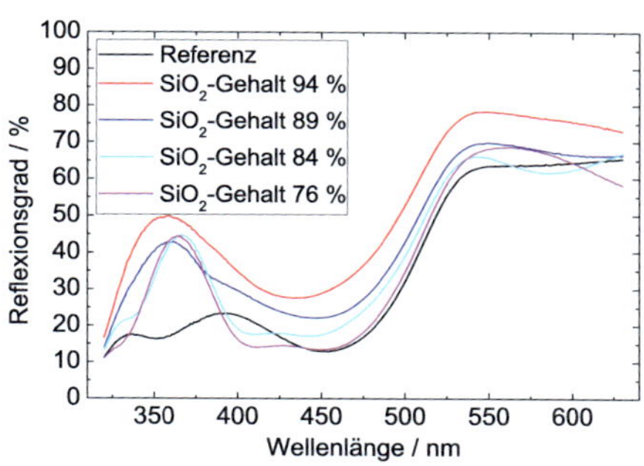

Abbildung 4.10: Reflexionsgrad fertig prozessierter OLEDs mit Kompositschichten und mit purer PEDOT:PSS-Schicht im Vergleich.

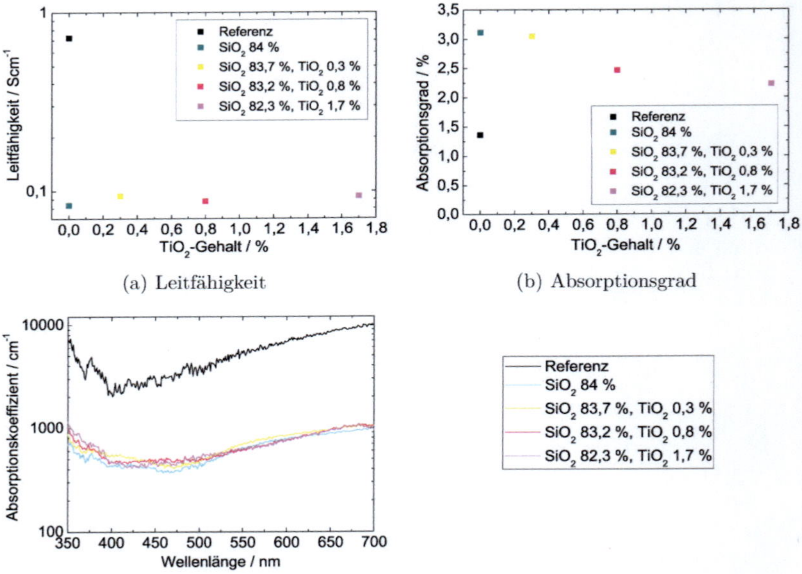

(a) Leitfähigkeit

(b) Absorptionsgrad

(c) Absorptionskoeffizient

(d) Legende

Abbildung 4.11: Die Leitfähigkeiten der Kompositschichten mit und ohne TiO_2-Partikel, sowie der Referenzschicht in (a) ergeben sich aus den Flächenwiderständen und Schichtdicken. Der Absorptionsgrad bei einer Wellenlänge von 550 nm ist in (b) aufgetragen. Der sich aus Absorptionsgrad und Schichtdicke ergebende Absorptionskoeffizient der verschiedenen Schichten ist in (c) zu sehen.

grad und Schichtdicke ergebende Absorptionskoeffizient der verschiedenen Schichten aufgetragen. Die PEDOT:PSS-Schicht und die Kompositschicht ohne TiO_2-Partikel liegen in den gleichen Bereichen wie bei den Versuchen mit Kompositschichten ohne TiO_2-Partikel. Die Absorptionskoeffizienten aller Kompositschichten mit TiO_2-Partikel unterscheiden sich praktisch nicht; er liegt für eine Wellenlänge von 550 nm bei ca. 642 cm^{-1}. Basierend auf diesen Lochtransportschichten werden im Folgenden wieder OLEDs gebaut und untersucht.

4.4 OLEDs mit TiO_2-Partikel in SiO_2-PEDOT:PSS-Kompositschichten

Der Herstellungsprozess ist der Gleiche wie bei den OLEDs auf Kompositschichten ohne TiO_2-Partikel; er wurde bereits in Kapitel 4.2.1 beschrieben. Ein Schema und eine REM-Aufnahme einer solchen OLED mit in der Kompositschicht eingebetteten Streuzentren ist in Abbildung 4.12 dargestellt. Das Schema ist eine etwas idealisierte Darstellung dieser OLEDs, denn in Wirklichkeit sind die Kompositschichten mit TiO_2-Partikel nicht mehr ganz so eben wie bei den Kompositschichten ohne TiO_2-Partikel. Dies ist gut in der REM-Aufnahme zu sehen. Da die unterschiedlich großen TiO_2-Partikel zu Agglomeration neigen, kann dies lokal zu einer Erhöhung der Dicke der Kompositschichten führen.

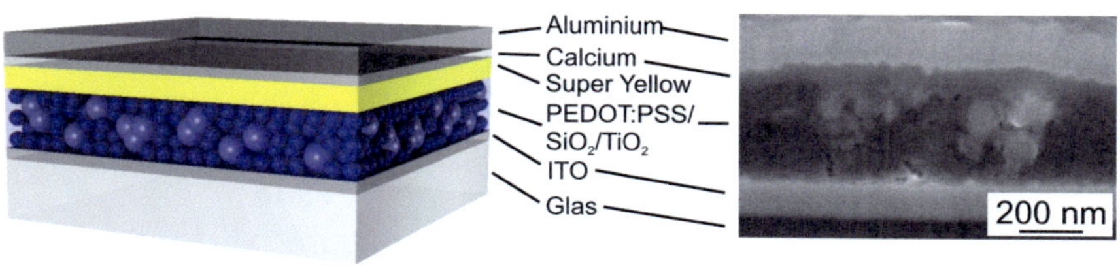

Abbildung 4.12: Schema und REM-Aufnahme eines Querschnitts einer OLED, die eine PEDOT:PSS-SiO_2-Kompositschicht mit eingebetteten TiO_2-Partikel enthält.

Die OLEDs sind auch in diesem Fall voll funktionsfähig. Jedoch treten nach und nach während des Betriebs schwarze Punkte auf den Leuchtflächen auf (siehe Abbildung 4.13). Solche in der Literatur als "dark spots" bezeichneten Defekte werden durch lokale Überhöhungen des elektrischen Feldes zwischen Anode und Kathode der OLEDs und der damit verbundenen Erhöhung der lokalen Stromstärke der OLEDs erzeugt, indem durch Hitzeeinwirkung die organischen Moleküle beschädigt werden [138]. Dies ist am wahrscheinlichsten an den Stellen, an denen durch TiO_2-Agglomeration die Kompositschicht etwas dicker ist.

Abbildung 4.13: Bild einer leuchtenden OLED, in deren Kompositschicht TiO_2-Partikel eingebettet sind. Die "dark spots", die sich nach einiger Zeit in Betrieb ausbilden, sind gut zu erkennen.

Dennoch sind die OLEDs ausreichend stabil, um auf ihre elektrischen und optischen Eigenschaften hin untersucht zu werden.

4.4.1 Elektrolumineszenzmessungen

Die Ergebnisse der Ulbricht-Kugelmessungen sind in Abbildung 4.14 dargestellt. Die Referenz-OLED, die weder SiO_2- noch TiO_2-Partikel enthält, weist in der Strom-Spannungs-Kennlinie die niedrigste Stromstärke auf. Die OLED, deren Kompositschicht einen TiO_2-Gehalt von 0,8 % hat, liegt etwa mittig zwischen der Referenz-OLED und den anderen OLEDs mit Kompositschichten. Letztere unterscheiden sich in ihrer Strom-Spannungs-Charakteristik kaum. Ein ähnliches Verhalten ist in Abbildung 4.14(b) zu sehen, wo die Leuchtdichte über der Spannung aufgetragen ist. Die Referenz-OLED zeigt die niedrigste Leuchtdichte, gefolgt von der OLED, deren Kompositschicht einen TiO_2-Gehalt von 0,8 % aufweist. Danach kommt die OLED mit einem TiO_2-Gehalt von 1,7 %, die ganz dicht unter der OLED liegt, deren

Kompositschicht keine TiO_2-Partikel enthält. Die höchste Leuchtdichte hat die Probe mit einem TiO_2-Gehalt von 0,3 %. Betrachtet man die Lichtausbeute und die Stromeffizienz in Abbildung 4.14(c) und 4.14(d), so stellt man fest, dass die Effizienzen nach folgender Reihenfolge der OLEDs steigen: Referenz-OLED, OLED mit Kompositschicht ohne TiO_2-Partikel, OLED mit Kompositschicht mit TiO_2-Gehalt von 1,7 %, OLED mit Kompositschicht mit TiO_2-Gehalt von 0,8 % und OLED mit Kompositschicht mit TiO_2-Gehalt von 0,3 %. Die Effizienzsteigerung der besten OLED gegenüber der OLED mit Kompositschicht ohne TiO_2-Partikel bzw. der Referenz-OLED beträgt bei einer Spannung von 4 V etwa 20 % bzw. 32 % sowohl für die Lichtausbeute als auch für die Stromeffizienz. Es sei darauf hingewiesen, dass die Werte absolut etwas unterhalb der Werte liegen, die in Kapitel 4.2.2 für die OLEDs mit Kompositschichten ohne TiO_2-Partikel gefunden wurden. An dieser Stelle sei aber nochmals erwähnt, dass aufgrund der vielen Unsicherheitsfaktoren, die während des gesamten Herstellungsprozesses auftreten können, zwei Chargen nicht direkt miteinander verglichen werden können. Es ist aber festzuhalten, dass alle OLEDs mit Kompositschichten, die TiO_2-Partikel enthalten, eine höhere Effizienz aufweisen, als die Referenz-OLED mit einer Kompositschicht ohne TiO_2-Partikel, was das Potential der eingebetteten Streupartikel verdeutlicht. Die Werte der Effizienzsteigerung der OLEDs mit Kompositschicht mit TiO_2-Partikel gegenüber der OLED mit Kompositschicht ohne TiO_2-Partikel sind in Tabelle 4.6 aufgelistet.

4.4.2 Photolumineszenzmessungen

Die Ergebnisse der PL-Messung sind in Abbildung 4.15(a) gezeigt. Dabei fällt auf, dass die verschiedenen OLEDs abhängig von ihrer Schichtdicke ein unterschiedliches Abstrahlprofil aufweisen. Auch hier hat die Referenz-OLED das geringste PL-Signal. Zwei der drei OLEDs mit Kompositschicht mit TiO_2-Partikel, zeigen ein höheres PL-Signal als die OLED mit Kompositschicht ohne TiO_2-Partikel. In Tabelle 4.6 sind die Erhöhungen, die die OLEDs mit Kompositschicht mit TiO_2-Partikel gegenüber der OLED mit Kompositschicht ohne TiO_2-Partikel aufweisen, aufgelistet. Ohne den genauen Zahlen aufgrund von Unsicherheitsfaktoren bei der Herstellung zu viel Bedeutung beizumessen, kann doch die Tendenz festgestellt werden, dass sich die Beimischung kleiner Mengen an TiO_2-Partikel zu den Kompositschichten positiv auf die OLEDs auswirkt, welche ohnehin schon effizienter sind als die Referenz-OLEDs. Insbesondere ist festzustellen, dass, bis auf die OLED mit einem TiO_2-Gehalt von 1,7 %, die Steigerungen in der EL als auch der PL sehr ähnlich sind. Dies lässt darauf schliessen, dass bei diesen OLEDs die Effizienzsteigerung quasi nur mit einer Erhöhung der Auskoppeleffizienz zusammenhängt, die wiederum auf Streuung der

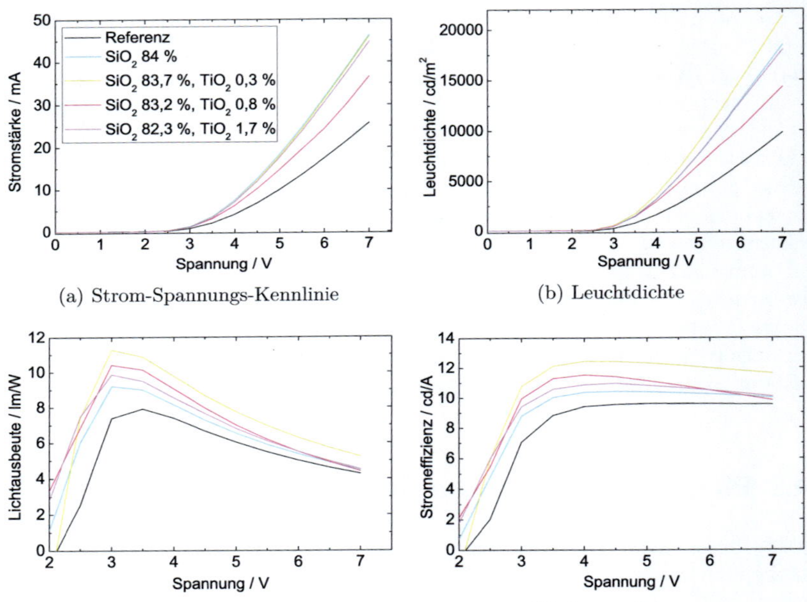

(a) Strom-Spannungs-Kennlinie

(b) Leuchtdichte

(c) Lichtausbeute

(d) Stromeffizienz

Abbildung 4.14: Stromstärke (a), Leuchtdichte (b), Lichtausbeute (c) und Stromeffizienz (d) in Abhängigkeit der angelegten Spannung von OLEDs mit Kompositschichten, die verschiedene Konzentrationen von TiO_2-Partikeln enthalten, verglichen mit einer Referenz-OLED mit einer puren PEDOT:PSS-Schicht.

geführten Moden und Substratmoden an den TiO_2-Partikel zurückgeführt werden kann.

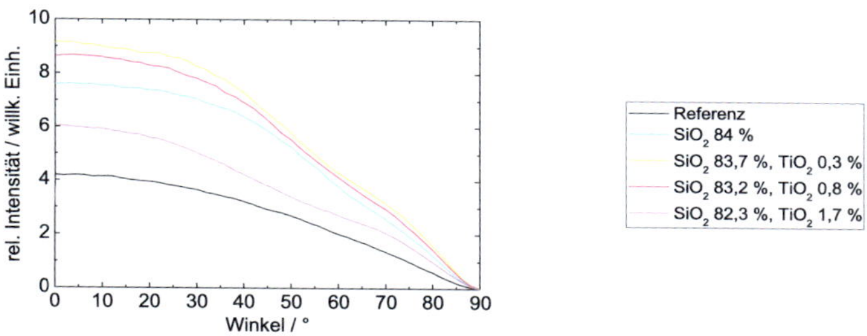

(a) PL-Messung (b) Legende

Abbildung 4.15: Winkelaufgelöste PL-Messung der OLEDs mit verschiedenen Kompositschichten, dieTiO_2-Partikel enthalten, verglichen mit einer OLED mit Kompositschicht ohne TiO_2-Partikel und einer Referenz-OLED.

4.5 Zusammenfassung

Wässrige SiO_2-Nanopartikel- und PEDOT:PSS-Dispersionen lassen sich gut mischen und ergeben aufgeschleudert auf Substrate Kompositschichten, deren Dicke, Leitfähigkeit und Transparenz sich durch das Mischungsverhältnis beider Materialien und durch die Drehzahl beim Aufschleudern über einen breiten Bereich hinweg einstellen lassen. Die Drehzahlen wurden in Schritten von 1000 rpm von 1000 rpm bis 5000 rpm erhöht. Die relativen Volumenanteile der SiO_2-Nanopartikel betrugen 24 %, 44 %, 61 %, 76 %, 84 %, 89 % und 94 %. Die Dicke lässt sich von ca. 15 nm bis zu über 1400 nm variieren, während die laterale Leitfähigkeit zwischen ca. 1,1 Scm^{-1} und 0,01 Scm^{-1} und der Absorptionsgrad bei einer Wellenlänge von 550 nm zwischen 1 % und 5 % liegt. Da der relative Volumenanteil des PEDOT:PSS in den Kompositschichten auf bis zu 3,9 % reduziert ist und SiO_2 im sichtbaren Spektralbereich praktisch nicht absorbierend ist, verringert sich der Absorptionskoeffizient der Kompositschichten von 5278 cm^{-1} auf 207 cm^{-1}. Damit lassen sich die optischen und elektrischen Eigenschaften dieser Kompositschichten maßschneidern, was den Eigenschaften von OLEDs ebenso zugutekommt. So können im bottom-up-Prinzip

Probenname	Effizienzsteigerung EL / %	Effizienzsteigerung PL / %
SiO_2 84 %	0	0
SiO_2 83,7 % TiO_2 0,3 %	20	20
SiO_2 83,2 % TiO_2 0,8 %	11	13
SiO_2 82,3 % TiO_2 1,7 %	5	-21

Tabelle 4.6: Effizienzsteigerungen in der EL und PL der Komposit-OLEDs mit TiO_2-Partikel im Vergleich zur Komposit-OLED ohne TiO_2-Partikel.

Nanostrukturen in die OLED eingebracht werden, die Licht aus den OLEDs herausstreuen und dadurch die Effizienz erhöhen. Es zeigt sich, dass OLEDs ab einem SiO_2-Gehalt von 76 % in der EL effizienter sind als die Referenz-OLED, die nur eine gewöhnliche PEDOT:PSS-Schicht ohne Nanopartikel aufweist. Bei einer Spannung von 4 V wird mit der effizientesten OLED eine Effizienzsteigerung von 64 % erzielt. Durch PL-Messungen lässt sich zeigen, dass die Effizienzsteigerung hauptsächlich durch Streueffekte an der Kompositschicht bedingt ist.

Um die geführten Moden noch effektiver aus den OLEDs herauszustreuen, wurden erste Versuche mit größeren TiO_2-Partikeln mit relativ hohem Brechungsindex, die in die Kompositschichten eingebettet werden, durchgeführt. Dabei fungiert die Kompositschicht als Matrix für die Streupartikel. OLEDs, in deren Kompositschichten unterschiedliche Konzentrationen an TiO_2-Partikeln beigemischt werden, zeigen eine bis zu 20 % erhöhte Effizienz, die anhand von PL-Messungen auf eine Steigerung der Auskoppeleffizienz zurückgeführt werden kann.

5 Nanopartikel innerhalb der organischen Schichten

Zusammenfassung[1]

Es wird die Einbettung von Nanopartikel-Schichten ***zwischen*** *organischen Schichten von OLEDs beschrieben und der Einfluss ihrer Lage innerhalb der OLED auf die elektrischen und optischen Eigenschaften untersucht. Es zeigt sich, dass die Benetzung der Nanopartikel-Dispersion auf der PEDOT:PSS-Schicht deutlich besser ist als auf einer Emitterschicht aus Super Yellow. Daher kann auch nur von einer durchgängigen, dichten Zwischenschicht aus* SiO_2*-Nanopartikeln gesprochen werden, wenn sie sich zwischen der PEDOT:PSS-Schicht und der Super Yellow-Schicht befindet.*
Elektrolumineszenzmessungen zeigen, dass sich die Effizienzen je nach Lage der Zwischenschicht um 115 %, bzw. 43 % steigern lassen. Photolumineszenzmessungen ergeben, dass die Erhöhung der Gesamteffizienz nicht nur durch eine Erhöhung der internen Quanteneffizienz, sondern zumindest bei den OLEDs, bei denen sich die Zwischenschicht zwischen PEDOT:PSS- und Super Yellow-Schicht befindet, teilweise auf eine verbesserte Auskoppeleffizienz zurückzuführen ist.

---

[1]Teile dieses Kapitels wurden bereits in folgender Publikation veröffentlicht:
(a) B. Riedel *et al.*, *Polymer Light-Emitting Diodes with Inorganic Nanocomposite Interlayers for Efficiency Enhancement*, J. Photon. Energy **1**, 011018 (2011).

5.1 OLED-Herstellung

Nachdem im vorherigen Kapitel ausführlich der Einsatz von SiO_2-Nanopartikeln in Lochtransportschichten von OLEDs direkt an der Anode diskutiert wurde, wird nun im Folgenden untersucht, inwieweit es möglich ist, Schichten aus SiO_2-Nanopartikeln zwischen die organischen Schichten von OLEDs einzubetten und wie sich ihre Lage innerhalb der OLEDs auf deren Effizienz auswirkt. Dazu werden die Querschnitte der OLEDs nach ihrer Herstellung mittels FIB-Schneiden (siehe Kapitel 3.3.1) freigelegt und REM-Aufnahmen gemacht. Die elektrischen und optischen Eigenschaften werden durch EL- und PL-Messungen ermittelt.

Bevor die eigentlichen OLEDs gebaut werden, wird die wässrige Dispersion Ludox, die in Kapitel 4.1 beschrieben ist, in einem Verhältnis von 1:7 mit H_2O verdünnt. Dies ist die Ausgangsdispersion, die für die modifizierten OLEDs verwendet wird.

Es werden zwei verschiedene Arten von OLEDs hergestellt, die im Folgenden als Aufbau A und Aufbau B bezeichnet werden. Diese sind in Abbildung 5.1 zu sehen. Bei den OLEDs mit Aufbau A befindet sich die Nanopartikel-Schicht zwischen der PEDOT:PSS-Schicht und der Super Yellow-Schicht. Bei den OLEDs mit Aufbau B wird die Nanopartikel-Schicht zwischen zwei Super-Yellow-Schichten eingebettet. Dazu werden die OLEDs mit der Ausgangsdispersion für 5 Sekunden mit 500 rpm vorgeschleudert und dann für weitere 55 Sekunden mit einer Drehzahl von 1000 rpm rotiert. Sowohl nach dem Aufbringen der Zwischenschicht auf die OLEDs mit Aufbau A als auch auf die OLEDs mit Aufbau B werden alle Proben für 30 Minuten bei 130 °C im Vakuumofen ausgeheizt. Der Grund liegt einerseits im Entfernen der Wasserreste aus den Zwischenschichten und andererseits darin, dass alle Proben der gleichen Temperatur ausgesetzt sind. Die jeweiligen Referenz-OLEDs A und B werden genauso hergestellt, wie Aufbau A und B, jedoch ohne die Nanopartikel-Schicht. Damit sind die Referenz-OLEDs A baugleich zu den Referenz-OLEDs, die, wie in Kapitel A.1 beschrieben, hergestellt werden. Der genaue Herstellungsprozess kann im Anhang nachgelesen werden und die Prozessparameter finden sich in Tabelle A.2.

In Abbildung 5.2 sind REM-Aufnahmen von Querschnitten der OLEDs mit Aufbau A und Aufbau B und der Referenz-OLED B gezeigt. Abgesehen von den meisten Schichten, die recht gut zu identifizieren sind, fällt in Abbildung 5.2(a) die dicke Zwischenschicht aus SiO_2-Nanopartikeln auf, unter der sich die PEDOT:PSS-Schicht befinden müsste. Es sieht so aus, als ob sie von der SiO_2-Dispersion etwas angelöst wurde, bzw. sich mit dieser beim Aufschleudern vermischt hat. Direkt über der ITO-Schicht erscheint die Nanopartikel-Schicht etwas dunkler, was durch das in die Zwischenräume eingedrungene PEDOT:PSS verursacht werden kann, welches, wie typischerweise alle organischen Schichten in OLEDs, in REM-Aufnahmen

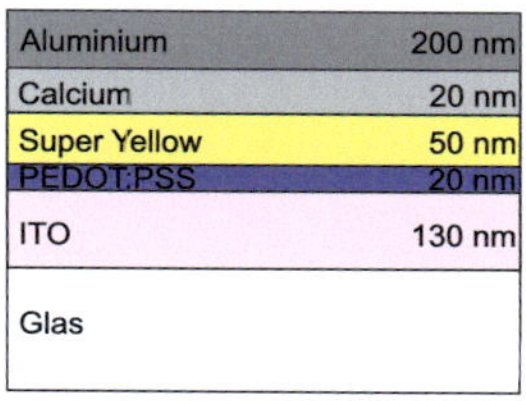

(a) Referenz A

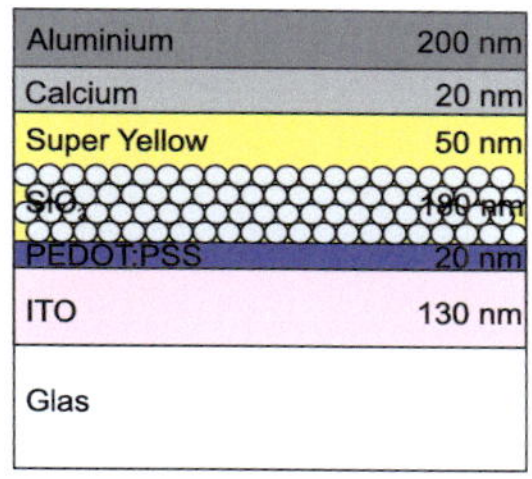

(b) Aufbau A

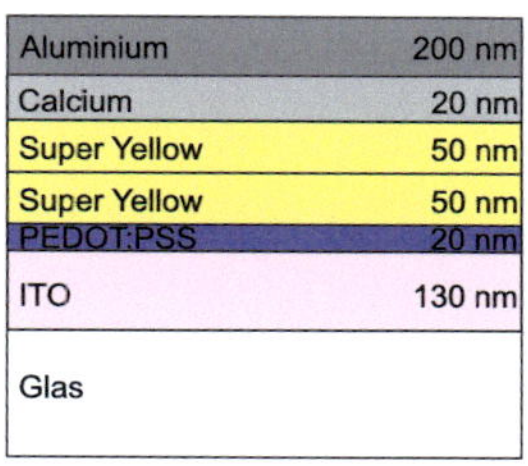

(c) Referenz B

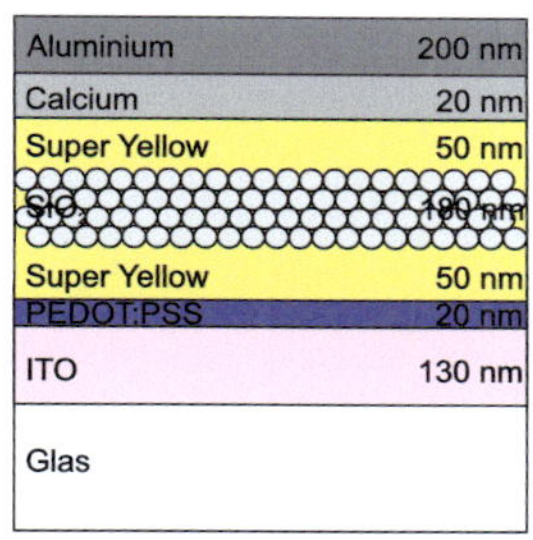

(d) Aufbau B

Abbildung 5.1: Schematische Darstellung aller vier OLED-Aufbauten mit den nominellen Schichtdicken. Die OLEDs mit Aufbau A beinhalten zwischen der PEDOT:PSS-Schicht und der Emitterschicht eine Zwischenschicht aus SiO_2-Partikeln (b). Die Referenz-OLEDs B weisen zwar keine Nanopartikel-Schicht auf, jedoch eine doppelt aufgebrachte Emitterschicht (c). Sie dienen als Vergleichsprobe für die OLEDs mit Aufbau B, bei welchen auf die erste Super-Yellow-Schicht eine Schicht aus SiO_2-Partikeln aufgeschleudert wird, auf welche wiederum die zweite Super Yellow-Schicht aufgebracht wird (d).

dunkel erscheint. Auch wenn die Zwischenschicht aus den SiO_2-Nanopartikeln sehr dicht gepackt erscheint, muss das Super Yellow beim Aufschleudern in ihre Zwischenräume eindringen und Kontakt zum darunterliegenden PEDOT:PSS, bzw. zur ITO-Anode herstellen. Wäre dies nicht der Fall, würde die Nanopartikel-Schicht die beiden organischen Schichten voneinander isolieren und die OLEDs würden nicht mehr einwandfrei leuchten. Dies erklärt auch, weshalb die Emitterschicht etwas dünner ist, als erwartet.

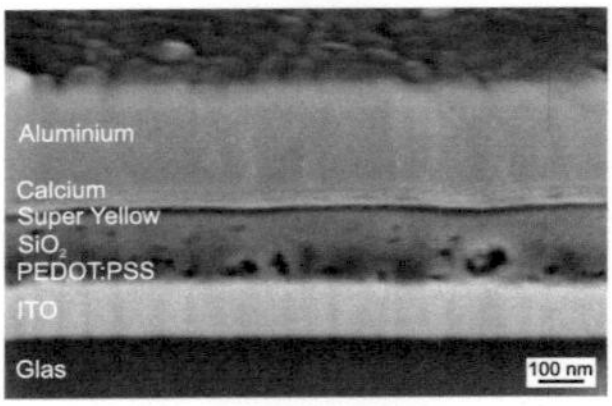

(a) Aufbau A

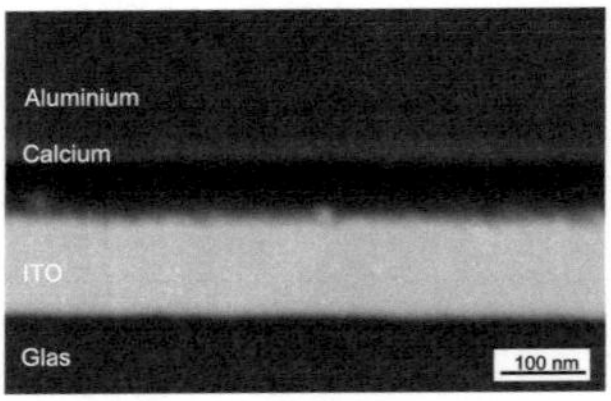

(b) Aufbau B

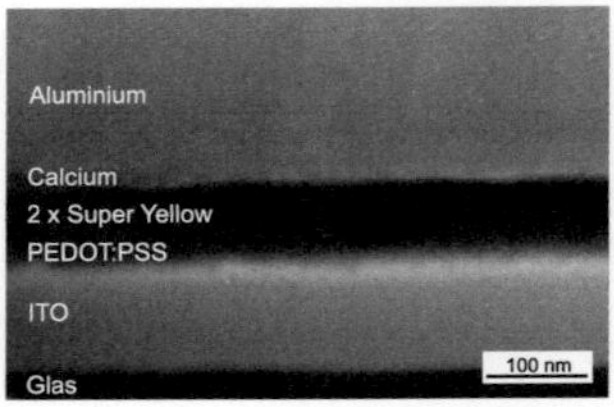

(c) Referenz-OLED B

Abbildung 5.2: REM-Aufnahmen der Querschnitte von OLEDs mit Aufbau A (a), Aufbau B (b) und einer Referenz-OLED B (c). Die dicke Nanopartikel-Zwischenschicht ist in Aufbau A gut zu erkennen. Die einzelnen Schichten zwischen ITO und Calcium sind bei der Referenz-OLED B und insbesondere bei Aufbau B praktisch nicht zu unterscheiden. Jedoch sind die Grenzflächen zwischen den zwei Super Yellow-Schichten leicht unterschiedlich, was auf die wässrige SiO_2-Dispersion, die auf die erste Schicht aus Super Yellow in Aufbau B aufgebracht wurde, zurückgeführt wird.

Bei den OLEDs mit Aufbau B lassen sich keine klaren Strukturaussagen aus der REM-Aufnahme treffen (siehe Abbildung 5.2(b)). Die einzelnen organischen Schichten lassen sich nicht so gut unterscheiden und eine geschlossene Zwischenschicht aus SiO_2-Nanopartikeln ist nicht direkt zu erkennen. Ihre Gesamtdicke ist ungefähr so groß, wie die der Referenz-OLEDs B (siehe Abbildung 5.2(c)), jedoch sehen die Grenzflächen zwischen den zwei Super Yellow-Schichten leicht unterschiedlich aus, was darauf schliessen lässt, dass zumindest eine dünne Nanopartikel-Schicht vorhanden ist. Dies ist dadurch zu erklären, dass die wässrige SiO_2-Dispersion die unpolare Oberfläche der ersten Super Yellow-Schicht nicht so gut benetzt, wie die PEDOT:PSS-Schicht bei den OLEDs mit Aufbau A. Dies macht sich beim Aufschleudervorgang bemerkbar und resultiert in Haftungsproblemen.

5.2 Elektrolumineszenzmessungen

Die fertigen OLEDs werden am OCS (siehe Kapitel 3.3.2) vermessen. Die Ergebnisse sind in Abbildung 5.3 gezeigt. Die Strom-Spannungs-Kennlinien der verschiedenen Proben unterscheiden sich deutlich voneinander (siehe Abbildung 5.3(a)). Die Referenz-OLEDs A weisen die höchste Stromstärke auf. Dies ist anschaulich betrachtet nicht sehr verwunderlich, da es in ihnen keine Zwischenschichten aus isolierenden Nanopartikeln gibt, die den Stromfluss behindern könnten. Die OLEDs mit Aufbau A, die eine zwischen der PEDOT:PSS-Schicht und der Super Yellow-Schicht eingebettete Nanopartikel-Schicht besitzen, zeigen die geringste Strominjektion. Die Kurven der OLEDs mit Aufbau B und ihren Referenz-OLEDs B liegen zwischen den Kurven der anderen OLEDs und sie unterscheiden sich praktisch kaum. In Abbildung 5.3(b) sind die Leuchtdichten der OLEDs über der Spannung aufgetragen. Hier zeigt sich ein deutlicher Unterschied zwischen den verschiedenen OLEDs. Die OLEDs mit Aufbau B weisen die höchsten Werte auf, gefolgt von den Referenz-OLEDs A. Die Referenz-OLEDs B liegen knapp darunter und die OLEDs mit Aufbau A haben die niedrigste Leuchtdichte und auch eine deutlich höhere Einsatzspannung. Die Lichtausbeute in Abbildung 5.3(c) und die Stromeffizienz in Abbildung 5.3(d) verdeutlichen, welcher Aufbau der OLEDs der effizienteste ist. Auch wenn die Einsatzspannung der OLEDs mit Aufbau A größer ist, so weisen sie doch die höchste Effizienz auf. Bei einer Spannung von 4 V beträgt ihre Lichtausbeute 8,8 lm/W und ihre Stromeffizienz 11,3 cd/A. Dies bedeutet gegenüber den Referenz-OLEDs A eine Steigerung um ca. 115 %. Die OLEDs mit Aufbau B haben eine Lichtausbeute von 7,7 lm/W und eine Stromeffizienz von 9,8 cd/A. Verglichen mit den Referenz-OLEDs B, die auch die doppelte Emitterschicht, jedoch ohne dazwischenliegender Nanopartikel-Schicht aufweisen, beträgt die Steigerung immer noch 43 % . Um mehr über den Ursprung der Effizienzsteigerungen sagen zu können, werden noch PL-Messungen an den OLEDs durchgeführt.

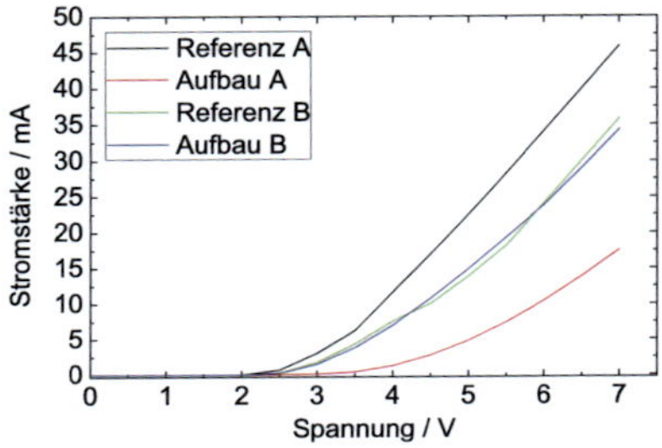

(a) Strom-Spannungs-Kennlinie

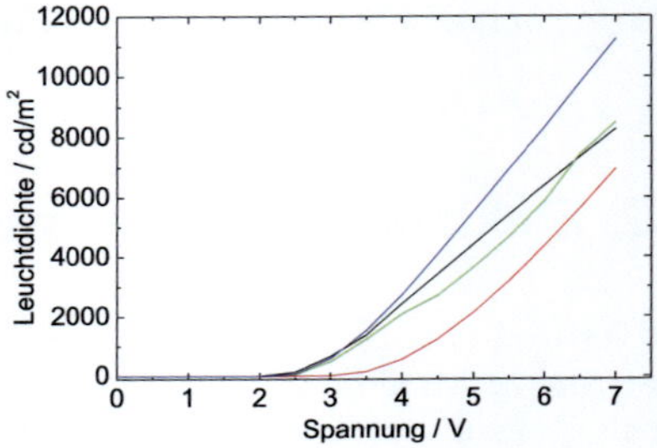

(b) Leuchtdichte über Spannung

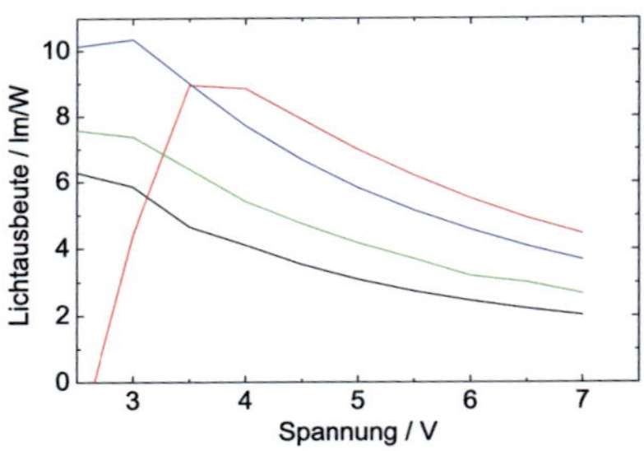

(c) Lichtausbeute über Spannung

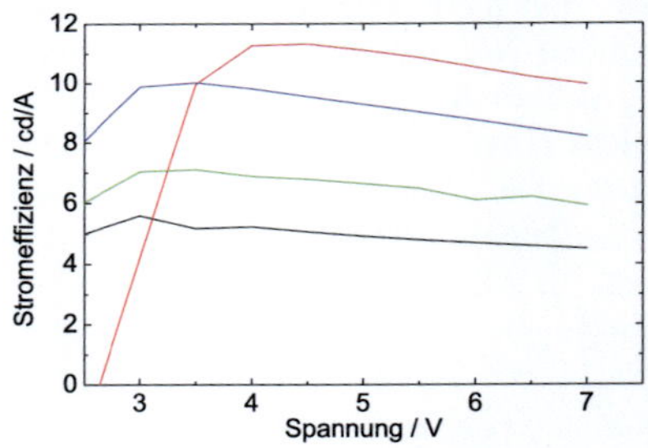

(d) Stromeffizienz über Spannung

Abbildung 5.3: Stromstärke (a), Leuchtdichte (b), Lichtausbeute (c) und Stromeffizienz (d) in Abhängigkeit der angelegten Spannung der vier verschiedenen Arten von OLEDs.

5.3 Photolumineszenzmessungen

Die winkelaufgelösten PL-Messungen (siehe Kapitel 3.3.4) sind in Abbildung 5.4 zu sehen. Dabei fällt zuerst die Diskrepanz zwischen den OLEDs mit Aufbau B und ihren Referenz-OLEDs B zu den anderen OLEDs auf. Dies liegt wohl in der Tatsache begründet, dass bei diesen OLEDs die Emitterschicht doppelt so dick ist, wie bei den Referenz-OLEDs A und den OLEDs mit Aufbau A. Dadurch können mehr Photonen in der Emitterschicht absorbiert und dementsprechend auch mehr emittiert werden. Dass die Referenz-OLEDs B ein geringfügig höheres PL-Signal zeigen als die OLEDs mit Aufbau B und sich ihre Abstrahlprofile so sehr gleichen, lässt den Schluss zu, dass die SiO_2-Nanopartikel nicht in ausreichender Zahl zwischen den zwei Super-Yellow-Schichten vorhanden sind und daher als Streuzentren für die geführten Moden kaum Einfluss haben. Somit ist die Effizienzsteigerung bei den EL-Messungen rein als Effekt der Nanopartikel auf die interne Quanteneffizienz zu betrachten, deren Erhöhung einem verbesserten Ladungsträger-Gleichgewicht zugeschrieben wird.

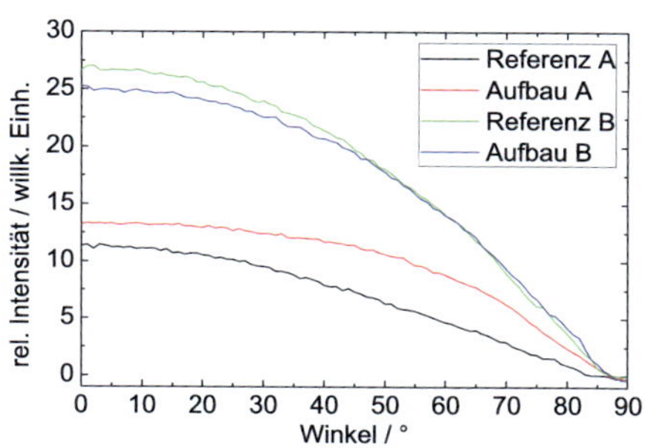

Abbildung 5.4: Winkelaufgelöste und spektral integrierte PL-Messung der vier verschiedenen Arten von OLEDs.

Anders stellt sich die Situation beim Vergleich der Referenz-OLEDs A mit den OLEDs mit Aufbau A dar. Die Erhöhung des PL-Signals in Vorwärtsrichtung um etwa 16 % kommt zwar nicht an die Erhöhung der Effizienzen bei den EL-Messungen heran, jedoch indiziert die unterschiedliche Abstrahlcharakteristik der OLEDs, dass die Effizienzsteigerung zumindest teilweise in der Erhöhung der Auskoppeleffizienz durch Streuung der geführten Moden an den Nanopartikeln zu suchen ist. Auch hier haben die Nanopartikel zusätzlich einen positiven Einfluss auf die interne Quanteneffizienz. Als sehr wahrscheinlich gilt der positive Effekt dieser Zwischenschicht aus SiO_2-Nanopartikel auf die Ladungsträgerbalance innerhalb der OLEDs.

5.4 Zusammenfassung

In diesem Kapitel wurde der Einfluss von Zwischenschichten aus SiO_2-Nanopartikeln, die innerhalb der organischen Schichten von OLEDs eingebracht werden, auf das Leuchtverhalten und die Effizienz der OLEDs untersucht. Es wurden zwei Arten von OLEDs mit Nanopartikel-Schichten hergestellt und jeweils mit ihrer Referenz verglichen. Einmal befindet sich die Nanopartikel-Schicht zwischen der PEDOT:PSS-Schicht und der Super-Yellow-Schicht (Aufbau A) und einmal wird sie innerhalb zweier Schichten aus Super Yellow eingebettet (Aufbau B).

In REM-Aufnahmen sind die Zwischenschichten aus den dicht gepackten Nanopartikeln gut zu erkennen. Da die OLEDs einwandfrei leuchten, müssen sich die Zwischenräume in den Nanopartikel-Schichten entweder von unten oder von oben, je nach Lage der Zwischenschicht, mit PEDOT:PSS oder Super Yellow füllen.

Bei den EL-Messungen wird eine Effizienzsteigerung von ca. 115 % zwischen den OLEDs mit Aufbau A und ihren Referenz-OLEDs A, bzw. 43 % zwischen den OLEDs mit Aufbau B und deren Referenz-OLEDs B festgestellt. PL-Messungen ergeben, dass bei den OLEDs mit Aufbau A die Effizienzsteigerung teilweise aus der Streuung von geführten Moden innerhalb der OLED und teilweise aus einer Erhöhung der internen Quanteneffizienz kommt. Bei den OLEDs mit Aufbau B kann keine Steigerung der Auskoppeleffizienz festgestellt werden. Somit wird die Erhöhung der Gesamteffizienz auf eine durch die SiO_2-Nanopartikel verbesserte interne Quanteneffizienz zurückgeführt.

6 Nanopartikelcluster zwischen Emitter und Kathode

Zusammenfassung[1]

In diesem Kapitel wird der Einfluss von Nanopartikeln an der Grenzschicht zwischen Emitter und Kathode untersucht. Dazu werden wässrige und mit Diethylenglycol versetzte Nanopartikel-Dispersionen hergestellt, die SiO_2- und TiO_2-Nanopartikel enthalten. Durch die Zugabe des Diethylenglycols lässt sich die unpolare Oberfläche der Emitterschicht etwas besser benetzen, jedoch zeigt sich, dass sich die Nanopartikel zu größeren Clustern agglomerieren, und dadurch die darüberliegende Kathode unregelmäßig strukturieren.
Elektrolumineszenzmessungen ergeben, dass sich gerade diejenigen OLEDs in ihren Effizienzen verbessern, deren Nanopartikel-Cluster ausschließlich aus SiO_2-Nanopartikeln bestehen. Eine steigende Konzentration von TiO_2-Nanopartikeln wirkt diesem Effekt entgegen. Aufgrund der Ergebnisse aus Photolumineszenzmessungen lassen sich die enormen Effizienzsteigerungen ausschließlich auf eine Erhöhung der internen Quanteneffizienz zurückführen.

[1]Teile dieses Kapitels wurden bereits in folgenden Publikationen veröffentlicht:
(a) B. Riedel *et al.*, *Polymer light emitting diodes containing nanoparticle clusters for improved efficiency*, Org. Electron. **11**, 1172 (2010).
(b) B. Riedel *et al.*, *Methods for Increasing the Efficiency of Organic Light Emitting Diodes*, Proc. OSA, Solid-State and Organic Lighting, SOTuB2 (2010).

6.1 OLED-Aufbau

In beiden vorherigen Kapiteln wurden SiO_2-Nanopartikel sowohl mit in die Lochtransportschicht gemischt, als auch als Zwischenschichten innerhalb der organischen Schichten der OLEDs eingebettet. Konsequenterweise wird nun in diesem Kapitel versucht, die Nanopartikel an die Grenzfläche zur Kathode zu bringen und die Wirkung, die sie dort auf die Effizienz der Bauteile haben, untersucht.

Die OLEDs, die hergestellt werden, haben einen Schichtaufbau wie er in Abbildung 6.1 zu sehen ist. Sie werden wie die Referenz-OLED aus Kapitel 4.2.1 prozessiert, und unterscheiden sich von dieser nur durch zusätzlich zwischen die Super Yellow- und Calcium-Schicht eingebrachte Nanopartikel-Cluster aus SiO_2- und TiO_2-Nanopartikeln.

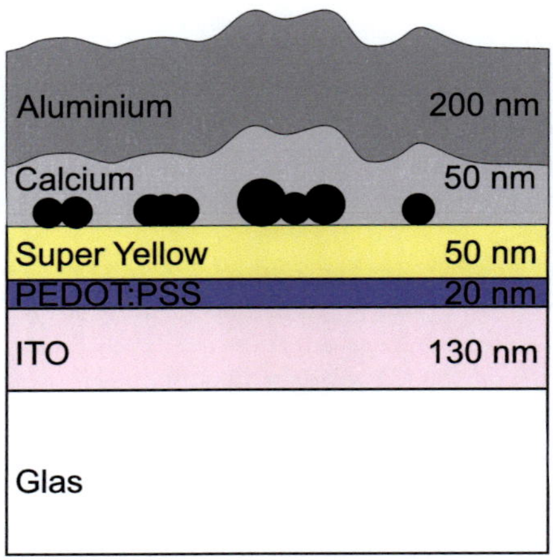

Abbildung 6.1: Schematische Darstellung einer OLED mit Nanopartikel-Clustern zwischen Emitterschicht und Kathode.

6.2 OLED-Herstellung

Die einzelnen Herstellungsschritte können im Anhang in Kapitel A.1 nachgelesen werden und sind in Abbildung A.2 nochmals zusammengefasst.

Nach dem Aufbringen der Super Yellow-Schicht, werden die Nanopartikel-Dispersionen ebenfalls durch Aufschleudern appliziert. Es kommen neben den SiO_2-Nanopartikeln der Ludox-Dispersion auch in Wasser dispergierte TiO_2-Nanopartikel mit einem Anteil von 10 Gew.-% zum Einsatz (siehe Kapitel 4.3). Da in Kapitel 5 schon angedeutet ist, dass sich wässrige Dispersionen schlecht auf unpolaren Oberflächen wie der der Super Yellow-Schicht abscheiden, werden die wässrigen Dispersionen mit dem farb- und geruchlosen Hochsieder Diethylenglycol (DEG) vermischt. DEG gehört zur Gruppe der Alkohole und Ether und findet aufgrund seines niedrigen Schmelzpunktes (-6 °C), seines hohen Siedepunktes (244 °C) und seiner Eigenschaft sich vollständig mit Wasser zu mischen, vielfältige industrielle Anwendungen.

Die drei verwendeten Nanopartikel-Dispersionen bestehen aus folgenden Bestandteilen: Die erste Dispersion setzt sich aus einem Teil Ludox und einem Teil DEG zusammen. Die anderen zwei Dispersionen werden zuerst aus Ludox und der TiO_2-Dispersion im Verhältnis 1:1, bzw. 1:4 gemischt, welche dann nochmals beide in einem Verhältnis von 1:1 mit DEG versetzt werden. Diese Dispersionen werden dann mit einer Drehzahl von 3000 rpm auf die Super Yellow-Schicht aufgeschleudert. Um etwaige Einflüsse des DEGs auf die Eigenschaften der OLEDs zu untersuchen, wird bei einem Substrat reines DEG bei 3000 rpm auf die Emitterschicht aufgeschleudert. Der Einfachheit halber werden die modifizierten OLEDs nur noch als SiO_2, SiO_2:TiO_2 1:1, SiO_2:TiO_2 1:4, bzw. DEG bezeichnet. Die Prozessparameter sind im Anhang in Tabelle A.3 aufgelistet.

Um herauszufinden, wie sich die Nanopartikel auf der Oberfläche der Emitterschicht verteilen, werden REM-Aufnahmen von den Oberflächen der Proben gemacht. Ein typisches Beispiel einer solchen REM-Aufnahme ist in Abbildung 6.2 zu sehen. Die Nanopartikel bilden keine durchgängige Schicht, sondern agglomerieren zu größeren Clustern, die im Bild als helle Punkte zu erkennen sind.

Die fertigen OLEDs werden mithilfe der Ulbricht-Kugel auf ihre Strom-Spannungs-Charakteristik und ihren Lichtstrom hin vermessen und danach wird ihr Verhalten sowie ihr Abstrahlprofil in PL-Messungen untersucht. Abbildung 6.3(a) zeigt ein Substrat, das Nanopartikel zwischen Emitterschicht und Kathode enthält und in Abbildung 6.3(b) ist ein Substrat, auf das nur DEG aufgebracht ist. Dabei fällt bei beiden Fotos eine Kreisfläche auf, die auf allen vier Leuchtflächen der OLEDs zu sehen ist. In beiden Fällen kommt dies daher, dass sich, während des Aufschleuderns der Nanopartikel-Dispersion oder des puren DEGs, diese Flüssigkeiten nur an der Stelle anlagern, auf welche sie direkt pipettiert werden. Dies liegt wohl daran, dass sie die Super Yellow-Oberfläche selbst unter Zugabe des DEGs nicht optimal benetzen, insbesondere, sobald ein gewisser Radius und somit eine bestimmte Zentrifugalkraft beim Aufschleudervorgang überschritten ist. Der Rand des Kreises der OLEDs in Abbildung 6.3(b) ist dunkler als der Rest. Dies ist sehr wahrscheinlich den

Abbildung 6.2: REM-Aufnahme der Oberfläche einer Super Yellow-Schicht, auf die eine Nanopartikel-Dispersion aufgetragen ist. Es zeigt sich, dass sich die Nanopartikel zu größeren Clustern (helle Punkte) auf der Oberfläche der Emitterschicht zusammenfinden.

Resten des DEGs geschuldet, die sich nach dem Aufschleudern noch an dieser Grenze befinden und die Emitterschicht dort von der Kathode separieren. Des Weiteren scheint die Leuchtfläche innerhalb des Kreises im linken Bild dunkler zu leuchten und "dark spots" entwickeln sich. Es wird hier aber ausdrücklich darauf verwiesen, dass beide Bilder erst nach der gesamten Charakterisierung gemacht wurden, was unter anderem an den kleineren dunkeln Flecken auf den OLEDs links oben und rechts unten zu sehen ist. Diese Flecken stammen von der PL-Anregung. Dabei bleicht das anregende UV-Licht des Lasers das organische Emittermaterial langsam aus. Vor und während der EL-Messungen haben die Flächen, die innerhalb des Kreises liegen deutlich heller geleuchtet. Die Nanopartikel-Cluster an der Kathode scheinen die Degradation der OLEDs an diesen Stellen zu beschleunigen, was durch die bereits angesprochenen "dark spots" bestätigt wird.

6.3 Elektrolumineszenzmessungen

Die Ergebnisse der EL-Messungen sind in Abbildung 6.4 zusammengefasst. Dabei repräsentieren die verschiedenen Kurven immer Durchschnitte von mehreren OLEDs. Die Strom-Spannungs-Kennlinien der OLEDs sind in Abbildung 6.4(a) gezeigt. Die OLEDs mit DEG zeigen deutlich die niedrigste Strominjektion. Die Kurve der OLEDs mit SiO_2:TiO_2 1:1 liegt etwas darüber; sie zeigt jedoch gerade bei kleinen Spannungen einen schnellen Anstieg. Die Kurven der Referenz-OLEDs und der OLEDs mit SiO_2:TiO_2 1:4 liegen sehr nahe beieinander. Bei niedrigen Spannungen liegen sie noch unter den Kurven der anderen OLEDs mit Nanopartikel-Clustern,

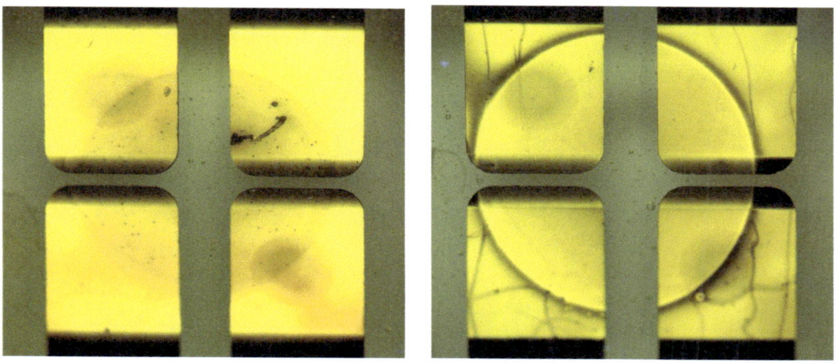

(a) Vier OLEDs mit Nanopartikel-Cluster.

(b) Vier OLEDs, auf die pures DEG aufgebracht ist.

Abbildung 6.3: Beide Fotos zeigen jeweils vier leuchtende OLEDs, bei welchen auf die Emitterschicht eine Nanopartikel-Dispersion (a) und pures DEG aufgebracht ist. Die Nanopartikel-Cluster bilden sich nur dort aus, wo die Dispersion die Super Yellow-Oberfläche benetzt. Dies ist nur innerhalb einer Kreisfläche der Fall. Dort zeigt die ehemals heller leuchtende Fläche nach den EL-Messungen Degradationserscheinungen, was an den auftretenden dark spots zu erkennen ist. Im rechten Bild ist diese Kreisfläche auch zu sehen, jedoch erscheint sie genauso hell, wie die Fläche außerhalb, was daran liegt, dass kein Nanopartikel-Cluster vorhanden sind, die die Proben früher degradieren lassen. Lediglich am Kreisrand sind wohl Reste des DEGs verblieben, die die Emitterschicht von der Kathode isolieren.

jedoch steigen die Kurven zu höheren Spannungen schnell an. Die OLEDs mit SiO_2 zeigen gerade bei niedrigeren Spannungen die höchste Strominjektion. Der Lichtstrom in Abhängigkeit der Spannung ist in Abbildung 6.4(b) dargestellt. Hierbei zeichnet sich schon ein deutliches Bild ab. Die OLEDs mit SiO_2 weisen den höchsten Lichtstrom auf, gefolgt von den OLEDs mit SiO_2:TiO_2 1:1 und SiO_2:TiO_2 1:4. Der Abstand von letzteren zu den Referenz-OLEDs ist nicht mehr so groß. Die OLEDs, auf deren Emitterschicht pures DEG aufgeschleudert wird, zeigt den geringsten Lichtstrom. Als Maß für die externe Quanteneffizienz lässt sich der Lichtstrom über der Stromstärke, wie in Abbildung 6.4(c) zu sehen, interpretieren. Auch hier zeigen die OLEDs mit SiO_2, gefolgt von den OLEDs mit SiO_2:TiO_2 1:1 und SiO_2:TiO_2 1:4 die höchsten Lichtströme. Wenn auch die Referenz-OLEDs darunter liegen, so sind die OLEDs mit DEG doch die ineffizientesten. Trägt man den Lichtstrom über der elektrischen Leistung auf (siehe Abbildung 6.4(d)), so bekommt man einen Eindruck über von der Gesamteffizienz der OLEDs. Auch in dieser Darstellung ändert sich nichts an der Reihenfolge der Effizienzen. Bei einer elektrischen Leistung von 100 mW weisen die OLEDs mit SiO_2 eine um den Faktor 3,2 gesteigerte Effizienz im Vergleich zu den Referenz-OLEDs auf. Die OLEDs mit SiO_2:TiO_2 1:1 und SiO_2:TiO_2 1:4 zeigen immer noch eine Erhöhung um den Faktor 2,7, bzw. 1,3. Die OLEDs mit DEG haben sich insgesamt um ca. 53 % verschlechtert.

Die gleiche Tendenz lässt sich auch bei den winkelaufgelösten und über alle Wellenlängen aufsummierten EL-Messungen am Goniometer feststellen, deren Ergebnisse in Abbildung 6.5 dargestellt sind. Die Stromstärke, mit der die OLEDs vermessen werden, beträgt 5 mA. Abgesehen von der Diskrepanz in ihren Effizienzen, zeigen alle OLEDs ein vergleichbares Abstrahlprofil. Lediglich die OLEDs mit SiO_2:TiO_2 1:4 emittieren in Vorwärtsrichtung etwas mehr Licht als zu größeren Winkeln hin. Ob dieses Verhalten sowie die Effizienzsteigerungen auf durch die Nanopartikel verursachten verbesserte Auskoppeleigenschaften der OLEDs zurückgeführt werden kann, soll sich in PL-Messungen zeigen.

6.4 Photolumineszenzmessungen

Das Ergebnis der winkelaufgelösten und spektral integrierten PL-Messung ist in Abbildung 6.6 zu sehen. Bemerkenswerterweise unterscheiden sich die Kurven von ihrer Form her praktisch nicht und sie liegen verglichen zum vorherigen Diagramm relativ nahe beieinander. Des Weiteren haben die Referenz-OLEDs das höchste PL-Signal gefolgt von den OLEDs mit Nanopartikel-Cluster. Dabei zeigt sich, dass mit steigendem TiO_2-Gehalt das PL-Signal sinkt. Die OLEDs mit DEG weisen das niedrigste PL-Signal auf, wenn auch nur um ca. 22 % geringer als das der Referenz-OLEDs. Daraus lässt sich schlussfolgern, dass die enormen Effizienzsteigerungen

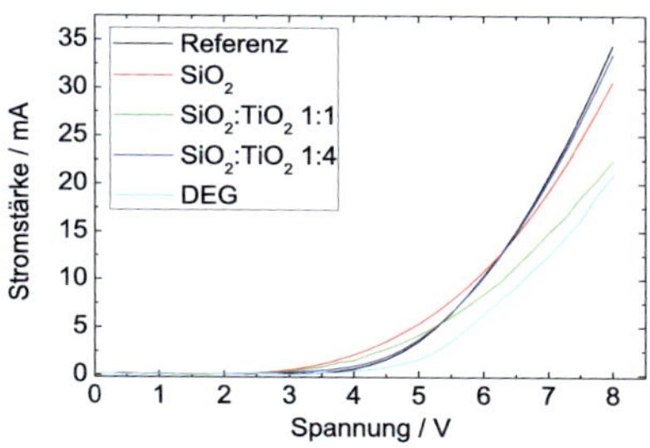

(a) Stromdichte-Spannungs-Kennlinie

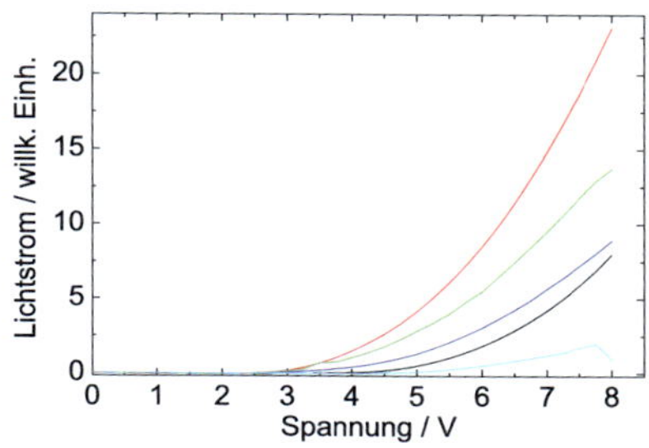

(b) Lichtstrom über Spannung

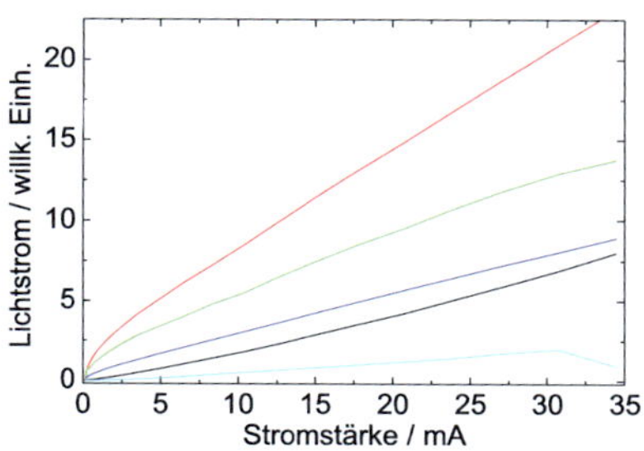

(c) Lichtstrom über Strom

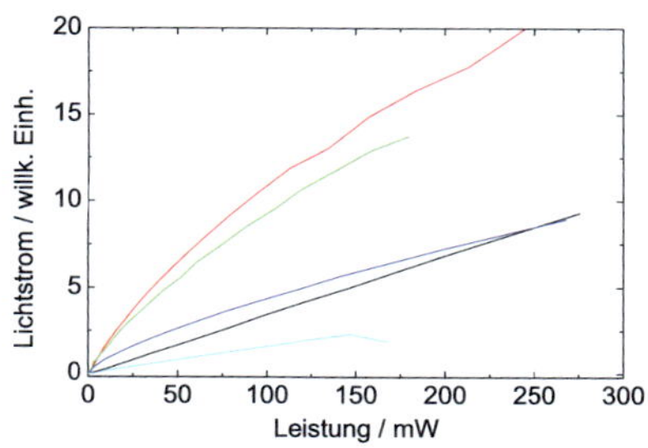

(d) Lichtstrom über Leistung

Abbildung 6.4: Strom-Spannungs-Kennlinie (a), sowie Lichtstrom über Spannung (b), Stromstärke (c) und elektrischer Leistung (d) der mit Nanopartikeln, bzw. DEG modifizierten OLEDs und der Referenz-OLEDs.

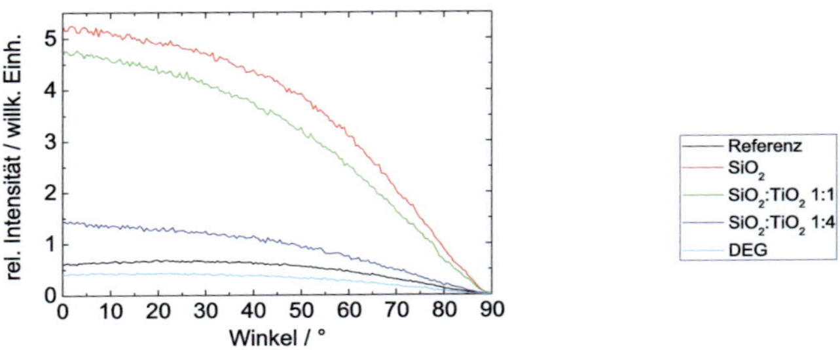

(a) EL-Messung (b) Legende

Abbildung 6.5: Winkelaufgelöste und über alle Wellenlängen aufsummierte EL-Messung der mit Nanopartikeln, bzw. DEG modifizierten OLEDs und der Referenz-OLEDs.

im EL-Signal nicht von Streu- oder sonstigen Auskoppeleffekten verursacht werden können, sondern auf eine verbesserte interne Quanteneffizienz der OLEDs zurückzuführen sind.

Eine positive Wirkung des DEGs auf die Effizienzen der OLEDs kann aufgrund des schlechten Abschneidens der OLEDs mit DEG ausgeschlossen werden. Typischerweise liegt die Rekombinationszone von OLEDs mit einem PPV-Derivat als Emittermaterial nahe an der Kathode, da dessen Löchermobilität um ca. 2 Größenordnungen über der Elektronenmobilität liegt [139]. Eine mögliche Erklärung für die verbesserte Effizienz der OLEDs mit Nanopartikel-Cluster ist eine verbesserte Ladungsträgerbalance innerhalb der OLED. Die Nanopartikel-Cluster könnten indirekt die Kathode nichtperiodisch strukturieren, was zu lokalen Feldüberhöhungen [140] führte, welche wiederum die Elektroneninjektion in die Emitterschicht positiv beeinflusste. Dies scheint insbesondere bei geringen Spannungen der Fall zu sein, da dort die Stromstärke bei den OLEDs mit Nanopartikel-Clustern besonders schnell ansteigt.

Die Effizienzerhöhungen für verschiedene Nanopartikel-Dispersionen sind unterschiedlich groß. Nanopartikel-Cluster aus reinen SiO_2-Nanopartikeln sorgen im Vergleich zu Clustern, die auch TiO_2-Nanopartikel enthalten, für effizientere OLEDs. Dies könnte einerseits am Unterschied der Materialien selbst, andererseits aber auch an der durchschnittlichen Größe der Nanopartikel liegen. Die SiO_2-Nanopartikel liegen als 20 nm bis 30 nm große Kugeln vor. Die Größenvariation bei den TiO_2-Nanopartikeln ist ungleich größer. Sie sind ebenfalls kugelförmig mit Durchmessern von 20 nm bis 130 nm. Daher werden auch die Cluster, die sie mit ausbilden, von anderer Form und Geometrie sein als Cluster aus puren SiO_2-Nanopartikeln.

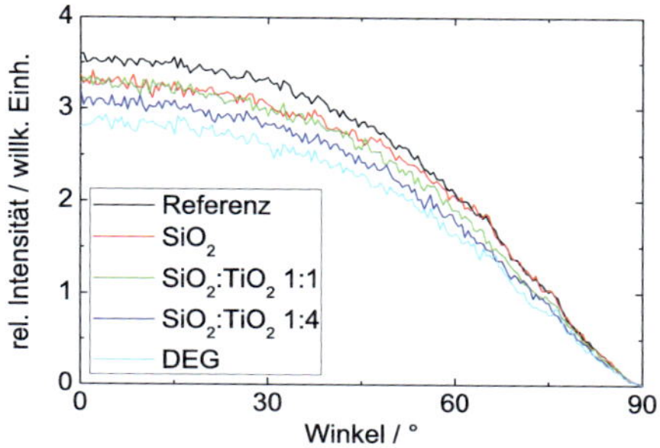

Abbildung 6.6: Winkelaufgelöste und über alle Wellenlängen aufsummierte PL-Messung der mit Nanopartikeln, bzw. DEG modifizierten OLEDs und der Referenz-OLEDs.

6.5 Zusammenfassung

Dieses Kapitel befasste sich mit der Frage, inwieweit es möglich ist, Nanopartikel verschiedener Art und Größe an die Grenzfläche zwischen Emitterschicht und Calcium-Kathode zu bringen. Dazu wurden drei wässrige Nanopartikel-Dispersionen angesetzt und mit DEG gemischt, um die Benetzung der Dispersionen auf der Emitterschicht aus Super Yellow zu verbessern. Die drei Dispersionen enthalten immer SiO_2-Nanopartikel; einmal pur und zweimal mit TiO_2-Nanopartikel in verschiedenen Verhältnissen versetzt.

Es zeigt sich, dass die Nanopartikel auf der Oberfläche der Emitterschicht zu Clustern agglomerieren. Dies hat zur Folge, dass sie die darüber aufgebrachte Kathode nichtperiodisch strukturieren. EL-Messungen an diesen OLEDs ergeben enorme Steigerung des Lichtstroms um Faktoren von 3,2 für die OLEDs, deren Nanopartikel-Cluster nur aus SiO_2-Nanopartikeln bestehen, sowie eine 2,7- bzw. 1,3-fache Erhöhung für OLEDs mit Nanopartikel-Cluster mit steigendem Gehalt von TiO_2-Nanopartikeln.

Ein möglicher positiver Effekt des DEGs auf die OLEDs wird durch eine Probe, die mit reinem DEG behandelt wird, ausgeschlossen. Durch PL-Messungen kann gezeigt werden, dass die Nanopartikel-Cluster keinen Einfluss auf die Auskoppeleffizienz der OLEDs haben. Die Effizienzsteigerungen sind daher ausschließlich auf eine verbesserte interne Quanteneffizienz zurückzuführen. Dabei scheint sich die Anwesenheit von TiO_2 in den Nanopartikel-Clustern eher negativ auf den Wirkungsgrad der OLEDs auszuwirken. Inwieweit dies am Material oder an der unterschiedlichen Größe der Nanopartikel liegt, kann nicht abschließend geklärt werden.

7 Periodisch strukturierte Ta_2O_5-Hochindexschichten

Zusammenfassung[1]

Dieses Kapitel befasst sich mit ITO-freien OLEDs, die auf einem Glassubstrat mit einer nanostrukturierten, hochbrechenden Ta_2O_5-Schicht prozessiert sind. Diese Schicht verschiebt die Modenverteilung in Richtung des Glassubstrats. Das eindimensionale Gitter, das in diese Schicht mittels Laser-Interferenzlithografie und physikalischem Ätzen eingebracht wird, um geführte Moden aus OLEDs auszukoppeln, fungiert zusätzlich als Streustruktur für Substratmoden, die an diesem Gitter reflektiert werden, um schließlich aus der OLED extrahiert zu werden. Mit steigender Gittertiefe kann dadurch bei einer elektrischen Leistung von 200 mW die Effizienz der OLEDs um den Faktor 3,9 erhöht werden.

[1]Teile dieses Kapitels wurden bereits in folgenden Publikationen veröffentlicht:
(a) B. Riedel *et al.*, *Enhancing outcoupling efficiency of indium-tin-oxide-free organic light-emitting diodes via nanostructured high index layers*, Appl. Phys. Lett. **96**, 243302 (2010).
(b) B. Riedel *et al.*, *Periodic Nanostructures Fabricated by Laser Interference Lithography for Guided Mode Extraction in OLEDs*, Proc. OSA, Solid-State and Organic Lighting, SOTuB2 (2010).
(c) B. Riedel *et al.*, *Methods to Enhance the Efficiency of Organic Light Emitting Devices*, Proc. TPE (2010).

7.1 Gitter in OLEDs

Ein vielversprechender Ansatz, um geführte Moden aus OLEDs zu extrahieren, sind ein- oder zweidimensionale Gitterstrukturen, die innerhalb der dünnen Schichten einer OLED eingebettet werden. Wie in Kapitel 2.2.4 erläutert, haben geführte Moden eine bestimmte Intensitätsverteilung, die sich über mehrere Schichten hin erstrecken kann, aber auch zum Teil sehr stark an einer Grenzfläche lokalisiert sein kann, wie im Falle der SPPs. Wird nun ein sogenanntes Bragg-Gitter zum Überlapp mit dem Intensitätsprofil gebracht, so kann die geführte Mode mit diesem Gitter wechselwirken [93]. Das geschieht über die Addition oder Subtraktion eines Vielfachen des reziproken Gittervektors $\vec{G}$ zum oder vom Wellenvektor $\vec{k}$ der geführten Mode. Zur Veranschaulichung wird nur die Ausbreitung einer Mode in x-Richtung, wie in Abbildung 7.1 gezeigt, betrachtet. Dabei wird ein Photon am Gitter gestreut. Da es sich hierbei um elastische Bragg-Streuung handelt, bleibt der Betrag des Wellenvektors erhalten und nur seine Richtung ändert sich:

$$k_x' = k_x \pm m \cdot G, \tag{7.1}$$

mit

$$G = \frac{2\pi}{\Lambda}. \tag{7.2}$$

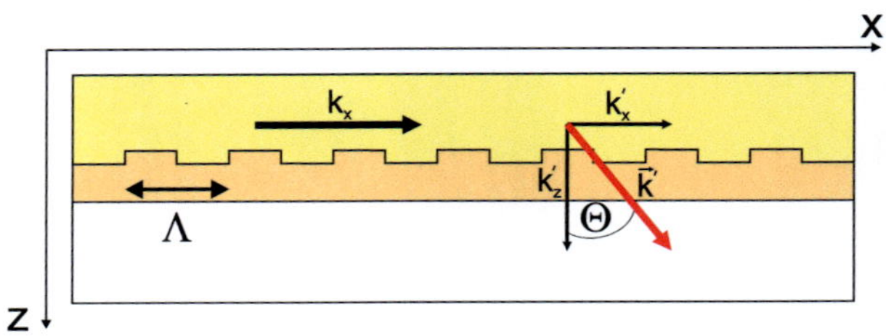

Abbildung 7.1: Bei der Streuung eines Photons am Gitter bleibt dessen Betrag erhalten und nur die Richtung ändert sich.

Der Winkel, unter welchem das gestreute Photon ausgekoppelt wird, lässt sich mit folgender Formel bestimmen:

$$\sin\Theta = \frac{k_x'}{k_0} = \frac{k_x}{k_0} \pm m \cdot \frac{\frac{2\pi}{\Lambda}}{k_0}. \tag{7.3}$$

Mit dem Realteil des in Kapitel 2.2.4 eingeführten effektiven Brechungsindex

$$n_{\text{eff}} = \frac{k_x}{k_0} \tag{7.4}$$

und dem Ausdruck

$$k_0 = \frac{2\pi}{\lambda_0}, \tag{7.5}$$

wobei λ_0 die Vakuumwellenlänge des emittierten Lichts darstellt, ergibt sich der Winkel Θ, unter dem die Photonen der geführten Moden ausgekoppelt werden zu:

$$\Theta = \arcsin\left(n_{\text{eff}} \pm m \cdot \frac{\lambda_0}{\Lambda}\right). \tag{7.6}$$

Es gibt verschiedene Möglichkeiten, solche Gitter in OLEDs zu integrieren. Um SPPs herauszustreuen, muss sich das Gitter aufgrund der räumlichen Beschränktheit der SPPs direkt an der Grenzfläche zwischen Organik und Metallkathode befinden [88]. So kann die Kathode direkt als Gitter mittels Nanoprägelithografie in die Organik gestempelt werden [141–143]. Eine andere Möglichkeit besteht darin, das Gitter vor der OLED-Herstellung in das Substrat zu integrieren. Dieses zeichnet sich durch die nachfolgenden Schichten der ITO-Anode und der Organik bis hin zur Kathode ab [97]. Dadurch wird natürlich nicht nur die SPP-Mode sondern auch alle anderen geführten Moden beeinflusst. Um die Moden, die mehr innerhalb der Organikschichten und der ITO-Anode lokalisiert sind, herauszustreuen, kann das Gitter unter- oder oberhalb der ITO-Anode integriert werden [144–146].

Die Anodenmaterialien in OLEDs und sonstigen optoelektronischen Bauteilen beschränken sich jedoch nicht allein auf ITO. Als guter Ersatz hat sich beispielsweise PEDOT:PSS herausgestellt, welches in Kapitel 3.1.2 beschrieben ist. Da die Anode jedoch üblicherweise direkt auf dem Substrat aufgebracht ist und der Brechungsindexkontrast zwischen Glassubstrat und PEDOT:PSS gering ist ($\Delta n \approx 0,07$), wäre die Wechselwirkung etwaiger geführter Moden mit einem Bragg-Gitter an dieser Position sehr gering. Daher ist es sinnvoll ein transparentes, hochbrechendes Material auf das Glassubstrat zu bringen, das den nötigen Brechungsunterschied zur Polymeranode gewährleistet. In diesem Fall wird das Material Ta_2O_5 verwendet.

7.2 Gitter in Ta_2O_5-Hochindexschichten

7.2.1 Eigenschaften von Ta_2O_5

Aufgrund seiner hohen Dielektrizitätskonstanten ($\epsilon_r = 24$ - 28) wird Ta_2O_5 in der anorganischen Halbleiterindustrie als Isolator eingesetzt, um die Leckströme in Halbleiterbauelementen drastisch zu reduzieren [147]. Es wird daher als Ersatzmaterial für das bisherige Standardmaterial SiO_2 ($\epsilon_r = 3{,}9$) gehandelt [148]. Des Weiteren findet Ta_2O_5 Anwendung in optischen Wellenleitern [149] sowie Antireflexbeschichtungen [150]. Es besitzt im sichtbaren Spektralbereich einen Brechungsindex von ca. 2,25 [149, 151] und ist im Wellenlängenbereich zwischen $\lambda_0 = 300$ nm und 2000 nm weitestgehend transparent. Diese Eigenschaften qualifizieren das Material zur Verwendung als strukturierte Zwischenschicht in ITO-freien OLEDs, um geführte Moden herauszustreuen.

7.2.2 Periodische Strukturierung der Ta_2O_5-Hochindexschichten

Bei den hier verwendeten Substraten handelt es sich um handelsübliches, 1 mm dickes Borosilikatglas, auf welches von der Firma Bte Bedampfungstechnik GmbH eine 300 nm dicke Ta_2O_5-Schicht aufgedampft wurde (siehe Kapitel 3.1.1).

Gitterherstellung

Die Gitterherstellung ist ein mehrschichtiger Prozess, der im Folgenden beschrieben wird. Für eine ausführlichere Behandlung dieses Themas sei an dieser Stelle auf [152] verwiesen. Eine schematische Darstellung der einzelnen Schritte ist in Abbildung 7.2 zu sehen.

- **Lackgitter**

  Auf das mit Ta_2O_5 bedampfte und auf eine Größe von 25 mm auf 25 mm zugeschnittene Substrat wird mittels Aufschleudern (siehe Kapitel 3.2.2) eine Opferschicht aus positivem Fotolack mit einer Schichtdicke von ca. 200 nm aufgebracht (siehe Abbildung 7.2(a) und 7.2(b)). Dabei handelt es sich um den kommerziell erhältlichen AR-P 3170, eine Novolak[2] - Naphthochinondiazid - Kombination. Fotolacke haben die Eigenschaft, bei Belichtung mit Licht ab einer bestimmten Energie und Intensität ihre chemische Struktur an den belichteten Stellen zu verändern [153]. Dadurch ändert sich auch die chemische Beständigkeit der belichteten Stellen, welche dann mit einem Entwickler genannten Lösemittel herausgelöst werden können.

  Nun wird der Fotolack durch Laser-Interferenzlithographie belichtet. Der Aufbau ist schematisch in Abbildung 7.3 dargestellt. Dabei handelt es sich um eine Lithographiemethode, bei der ein Laserstrahl zuerst in zwei Strahlen aufgeteilt wird, um beide Teilstrahlen unter einem bestimmten Winkel wieder zusammenzuführen. An der Stelle, an der sich die beiden Strahlen überlagern,

[2] Phenolharz, welches aus Formaldehyd und Phenol hergestellt wird.

(a) Ta_2O_5-beschichtetes Substrat

(b) Schicht aus Fotolack

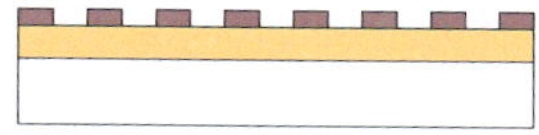

(c) Eindimensionales Gitter im Fotolack

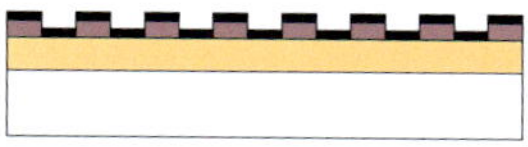

(d) Nach Bedampfung mit Chrom

(e) Gitter im Chrom nach Lift-off

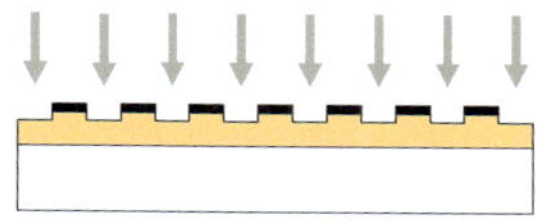

(f) Physikalisches Ätzen mit Argon-Plasma

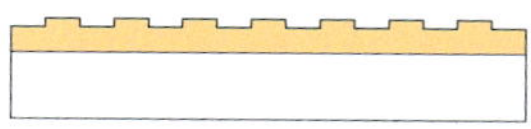

(g) Gitter in Ta_2O_5-Schicht nach Entfernen des Chroms

Abbildung 7.2: Die mit Ta_2O_5-beschichteten Substrate (a) werden mit Fotolack beschichtet (b). Nach der Belichtung mittels Laser-Interferenzlithographie und Entwickeln des Fotolacks verbleibt das Interferenzmuster im Fotolack (c). Danach wird eine 50 nm dicke Schicht Chrom aufgedampft (d) und durch einen lift-off-Prozess der Fotolack entfernt. Das inverse Interferenzmuster des Fotolacks hat sich somit in die Chromschicht übertragen (e). Durch physikalisches Ätzen mit Argon-Plasma werden die freiliegenden Stellen der Ta_2O_5-Oberfläche abgetragen (f). Nach Entfernen des Chroms bleibt ein eindimensionales Bragg-Gitter in der Ta_2O_5-Schicht übrig (g).

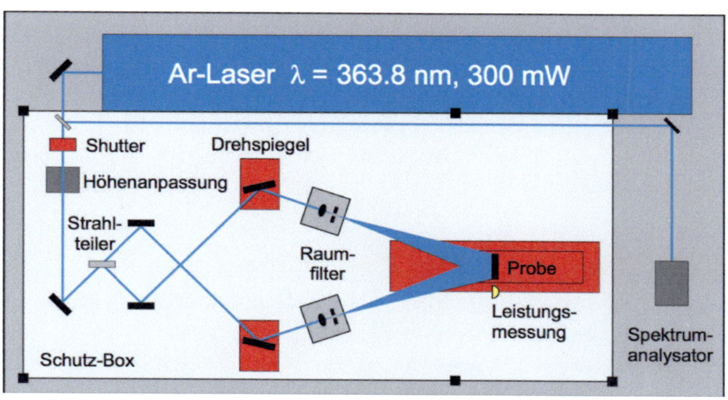

Abbildung 7.3: Schematische Darstellung des Laser-Interferenzlithographie-Aufbaus [152].

entsteht bedingt durch die Wellennatur des Laserlichtes ein Interferenzmuster mit Bereichen niedriger und hoher Intensität. Die Periodizität des Musters hängt vom Winkel ab, den die Teilstrahlen einschließen. In dieser Arbeit werden Gitter mit den Periodizitäten 460 nm und 370 nm hergestellt. Wird der Fotolack mit diesem Interferenzmuster belichtet, so transferiert sich das Interferenzmuster in den Fotolack. Dies geschieht dadurch, dass der Fotolack in den Bereichen hoher Intensität seine chemische Struktur ändert. Im darauffolgenden Entwicklerschritt werden die Stellen, an denen die Intensität während der Belichtung hoch war mit einem Entwickler weggespült und es bleibt nur noch der unbelichtete Teil des Fotolacks stehen. Die so entstandene Struktur ist ein eindimensionales Gitter aus Fotolack (siehe Abbildung 7.2(c)).

Der Vorteil dieses Verfahrens liegt vor allem in der Möglichkeit zur großflächigen Belichtung [154]. Im Gegensatz zu seriellen Nanostrukturierungsverfahren wie z. B. der Elektronenstrahllithographie, bei der der Fotolack durch Elektronenbeschuß seine Struktur ändert, ist zwar die Auflösung ein wenig schlechter, jedoch überwiegen hierbei die Vorteile die Dimension der Probenfläche und die sich dadurch ergebende Zeit- und Kostenersparnis.

- **Chrom-Maske**

  Im nächsten Schritt geht es darum, das Gitter im Fotolack durch ein chemisch beständigeres Gitter aus Chrom zu ersetzen. Dazu wird das Substrat in einer Aufdampfanlage durch thermisches Verdampfen von Chrom mit demselben beschichtet (siehe Abbildung 7.2(d)). Um eine widerstandsfähige Schicht zu erhalten, werden ca. 50 nm benötigt. Nun muss der Fotolack durch ein sogenanntes lift-off[3]-Verfahren entfernt werden [155]. Dabei wird das mit Chrom bedampfte Substrat in einen mit Aceton gefüllten Becher getaucht, welcher im Ultraschallbad steht. Das Aceton löst mithilfe des Ultraschalls das Fotolackgitter samt dem darüber gedampften Chrom von der Ta_2O_5-Schicht ab. Zurück bleibt das inverse Gitter des Fotolacks in der Chrom-Schicht (siehe Abbildung 7.2(e)).

- **Physikalisches Ätzen**

  Nun können durch physikalisches Ätzen die Stellen des Substrats, die nicht mit Chrom bedampft sind, abgetragen werden. Dieser Prozess ist ein Spezialfall des reaktiven Ionenätzens (engl. *reactive ion etching - RIE*), bei welchem in einer evakuierten Prozesskammer ein Plasma eines bestimmten reaktiven Gases gezündet wird. Die Ionen werden durch ein elektrisches Feld auf die Substratoberfläche beschleunigt und reagieren dort einerseits durch ihre hohe

[3]auch als Musterübertragungstechnik bekannt

Reaktivität mit dem Substratmaterial, andererseits werden durch ihren großen Impuls Atome aus der Substratoberfläche herausgeschlagen [155]. Beschränkt sich der Ätzprozess durch die Auswahl reaktionsträger Gase wie z. B. des Argons auf letztere Eigenschaft, so spricht man von physikalischem Ätzen [156]. Die Ätzrate hängt dabei neben dem Reaktordruck, der Temperatur und der Leistung natürlich vor allem von der Widerstandsfähigkeit der Substratoberfläche ab. Im Falle der Ta_2O_5-Oberfläche ergeben sich durchschnittliche Ätzraten von 8,7 nm/min [152]. Die Substratoberfläche sieht nach dem physikalischen Ätzen wie in Abbildung 7.2(f) dargestellt aus. Um die Chrommaske zu entfernen, wird die kommerziell erhältliche Chrom-Ätze Microposit Chrometch 18 eingesetzt. Das ursprüngliche, eindimensionale Laserinterferenzmuster ist nun in die Ta_2O_5-Hochindexschicht übertragen (siehe Abbildung 7.2(g)). Die Gittertiefe wird dabei zwischen 30 nm und 100 nm variiert.

7.2.3 Charakterisierung der Gitter

Die hergestellten Gitter werden mithilfe eines AFMs auf Gittertiefe und Qualität hin untersucht. Jede Probe wird an mehreren Stellen untersucht. Eine rasterkraftmikroskopische Aufnahme einer Probe mit einer Gittertiefe von ca. 73 nm und einer Periodizität von 460 nm ist in Abbildung 7.4 zu sehen. Die einzelnen Gitterstege und -gräben sind deutlich zu erkennen und durchgängig voneinander getrennt, was von einer hohen Güte des Gitters zeugt.

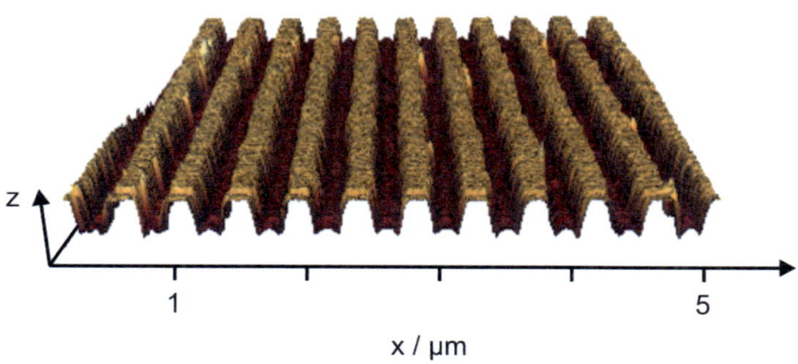

Abbildung 7.4: AFM-Aufnahme einer Probe mit 73 nm Gittertiefe und 460 nm Periodizität [152].

Der Ätzprozess von Ta_2O_5 verläuft innerhalb eines Substrates relativ gleichmäßig, unterscheidet sich jedoch von Substrat zu Substrat. So kann es vorkommen, dass die Gittertiefen von gleich prozessierten Substraten um bis zu 50 % schwanken, wohingegen die Schwankung innerhalb einer Probe bei unter 5 nm liegt. Die genauen Gittertiefen und ihre Standardabweichungen sind in Abbildung 7.5 dargestellt. Es fällt auf, dass die Gittertiefe mit zunehmender Ätzzeit innerhalb eines Substrates stärker variiert, was besonders für die Proben die mit 6 und mit 7 Minuten geätzt wurden, gilt. Des Weiteren scheint eine kleinere Periodizität eine geringere Ätzrate zu bedingen.

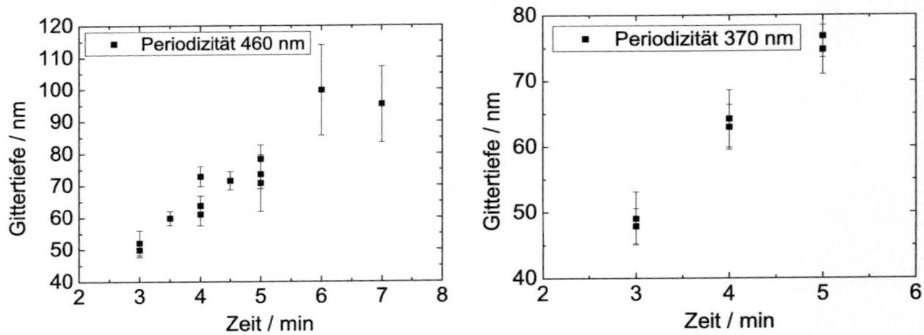

(a) Periodizität 460 nm (b) Periodizität 370 nm

Abbildung 7.5: Gittertiefen in Abhängigkeit von der Ätzzeit für Proben mit einer Periodizität von 460 nm (a) und 370 nm (b).

7.3 ITO-freie OLEDs auf Ta_2O_5-Hochindexschichten

Damit die effizienzsteigernde Wirkung der Bragg-Gitter auf den Ta_2O_5-beschichteten Substraten untersucht werden kann, werden darauf ITO-freie OLEDs gebaut. Um die Effizienz der mit einem Bragg-Gitter modifizierten OLEDs einschätzen zu können, werden unstrukturierte OLEDs als Referenzen hergestellt und vermessen.

7.3.1 Elektrische Eigenschaften der Polymeranoden

Doch bevor auf den mit Ta_2O_5 beschichteten Substraten ITO-freie OLEDs hergestellt werden, werden verschiedene Herstellungsparameter der Polymeranoden getestet. Zum einen wird untersucht, inwieweit sich die Vorbehandlung der Substratoberfläche mit einem Sauerstoff-Plasma auf die Schichtdicke und den Flächenwiderstand auswirkt. Es zeigt sich, dass sich darin keine nennenswerten Unterschiede ergeben, weshalb die Vorbehandlung durch den Plasmaverascher schon aus Reinigungsgründen fortgeführt wird. Ferner wird der Einfluss der Zugabe von 5 Vol.-% Isopropanol zum PEDOT:PSS-DMSO-Gemisch untersucht. Das Isopropanol soll die Benetzbarkeit der Substratoberfläche verbessern [157]. Beide PEDOT:PSS-DMSO-Mischungen, sowohl mit und ohne Zugabe von 5 Vol.-% Isopropanol, werden mit unterschiedlichen Drehzahlen aufgeschleudert. Die Schichten werden dann auf ihre Schichtdicken und ihre Flächenwiderstände hin untersucht, um daraus die Leitfähigkeit der Materialien zu errechnen. Die Schichtdicken werden wie in Kapitel 3.3.1 beschrieben mit einem Profilometer gemessen. Die Flächenwiderstände werden über 4-Punkt-Messungen, wie sie in Kapitel 3.3.1 vorgestellt werden, ermittelt. Beide Ergebnisse sind in Abbildung 7.6 dargestellt. Es stellt sich heraus, dass die Mischung ohne Isopropanol bei niedrigen Drehzahlen dünnere Schichten und bei höheren Drehzahlen dickere Schichten als die Mischung mit Isopropanol ergeben. Die Flächenwiderstände der Schichten sind in Abbildung 7.6(b) zu sehen.

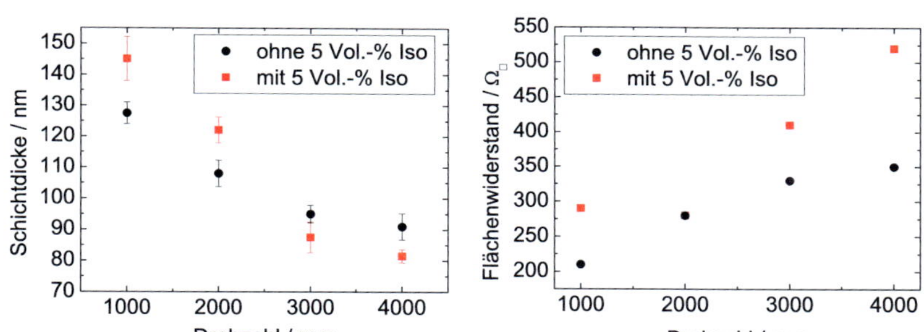

(a) Schichtdicke (b) Flächenwiderstand

Abbildung 7.6: Schichtdicke (a) und Flächenwiderstand (b) von hochleitfähigen PEDOT:PSS-Schichten in Abhängigkeit von der Drehzahl.

Dabei weisen die Schichten ohne Isopropanol einen kleineren Flächenwiderstand auf. Lediglich bei den Schichten, die mit 2000 rpm aufgeschleudert werden, wird derselbe Flächenwiderstand gemessen. Die aus den Schichtdicken und Flächenwiderständen errechnete Leitfähigkeit der Schichten ohne Isopropanol liegt mit 303 Scm^{-1} deutlich über der Leitfähigkeit der Schichten mit Isopropanol (siehe Tabelle 7.1). Die Herstellerangaben von mindestens 300 Scm^{-1} können somit reproduziert werden [106]. Die in dieser Arbeit verwendeten Polymeranoden der ITO-freien OLEDs werden nur aus PEDOT:PSS-DMSO-Gemischen ohne Isopropanolzusatz hergestellt. Ferner werden im Folgenden alle Polymeranoden bei einer Drehzahl von 3000 rpm aufgeschleudert, da sich diese Schichtdicke in Bezug auf Flächenwiderstand und Transparenz in ITO-freien OLEDs bewährt hat.

Probe	Leitfähigkeit / Scm^{-1}	Standardabweichung / Scm^{-1}
mit 5 Vol.-% Isopropanol	262	11
ohne 5 Vol.-% Isopropanol	303	11

Tabelle 7.1: Leitfähigkeiten und Standardabweichungen für PEDOT:PSS-Schichten mit und ohne Zusatz von 5 Vol.-% Isopropanol.

7.3.2 OLED-Herstellung

Die Herstellung der ITO-freien OLEDs Substrate mit einer Ta_2O_5-Beschichtung ähnelt sehr der Herstellung der Komposit-OLEDs aus Kapitel 4. Auf die gereinigten Substrate wird die etwa 80 nm dicke Polymeranode aus PEDOT:PSS und DMSO aufgeschleudert. Nach der Trocknung folgt eine ca. 70 nm dicke Emitterschicht aus Super Yellow, auf welche eine Kathode aus 50 nm Calcium und eine Schutzschicht aus 200 nm Aluminium aufgedampft wird. Um die fertigen OLEDs an Umgebungsluft vermessen zu können, werden sie anschließend verkapselt. Die genauen Herstellungsparameter und Prozessschritte können im Anhang in Abbildung A.3 und in Tabelle A.4 nachgeschlagen werden.

7.3.3 Elektrolumineszenzmessungen

Ein Foto eines ITO-freien OLED-Substrats mit einer leuchtenden OLED ist in Abbildung 7.7 zu sehen. Des Weiteren sind die L-förmigen Kathoden und die Kontaktierungsmöglichkeit mit Krokodilklemmen an den Aussparungen der Verkapselung zu erkennen.

Abbildung 7.7: Foto eines ITO-freien OLED-Substrats mit einer leuchtenden OLED. Die vier L-förmig aufgedampften Kathoden, die Verkapselung sowie die Kontaktierung mit zwei Krokodilklemmen sind deutlich zu sehen.

In Abbildung 7.8 ist die REM-Aufnahme eines FIB-Schnittes einer mit einem Bragg-Gitter strukturierten ITO-freien OLED gezeigt. Das Gitter hat eine Periode von 370 nm und ist ca. 50 nm tief. Es ist deutlich zu erkennen, dass sich die Korrugation des Gitters durch die organischen Schichten bis hin zur Calcium- und Aluminiumschicht repliziert.

Die fertig hergestellten OLEDs werden nun auf ihren Lichtstrom und ihre Abstrahlcharakteristik hin charakterisiert, um Aussagen über effizienzsteigernde Effekte des Gitters treffen zu können. Der Lichtstrom wird mit einer in Kapitel 3.3.3 beschriebenen Ulbricht-Kugel untersucht und das winkelaufgelöste Abstrahlprofil der OLEDs wird während der EL- und PL-Messungen aufgenommen (siehe Kapitel 3.3.3).

Im Folgenden werden zwei Chargen ITO-freier OLEDs diskutiert, die auf strukturierten Ta_2O_5-Hochindexschichten hergestellt werden. Die erste Charge der Gitter hat eine Periode von 460 nm und ist zugleich die erste Charge an Proben, die überhaupt auf Ta_2O_5-Schichten hergestellt werden [152]. Da die Gitterherstellung ein zeitaufwändiger und komplexer Prozess ist, werden auch solche strukturierten Substrate wie die der ersten Charge verwendet, deren Gitterqualität noch nicht

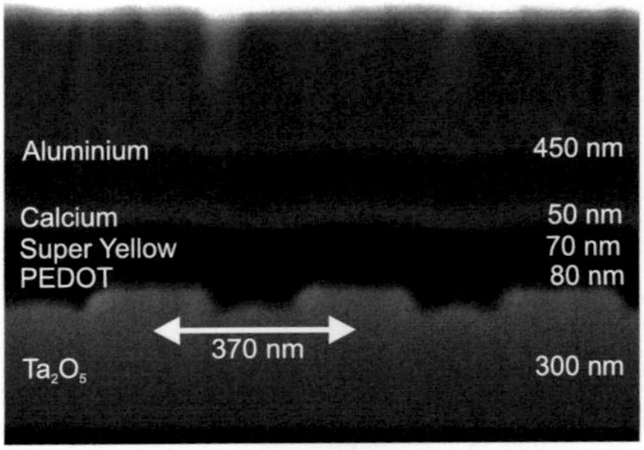

Abbildung 7.8: REM-Aufnahme eines Querschnitts einer ITO-freien OLED, deren Hochindexschicht mit einem 50 nm tiefen Bragg-Gitter versehen ist.

als optimal betrachtet werden kann. Die Gitterperiode der zweiten Charge beträgt 370 nm.

Messung des Lichtstroms - Gitterperiode 460 nm

In Abbildung 7.9 sind die Diagramme der OLEDs aus der ersten Charge zu sehen, die sich aus der Ulbricht-Kugel-Messungen ergeben. Es handelt sich dabei um eine unstrukturierte Referenz-OLED und vier strukturierten OLEDs mit Gittertiefen von 73 nm, 74 nm, 95 nm und 100 nm, wobei die Kurven immer als Durchschnitt mehrerer, gleichartiger OLEDs zu verstehen sind. Bei den Strom-Spannungs-Kennlinien fällt auf, dass die Betriebsspannungen deutlich höher sind, als bei OLEDs mit ITO-Anoden (siehe Abbildung 7.9(a) und 4.8(a)). Dies liegt am höheren Flächenwiderstand der Polymeranoden, an denen mehr Spannung abfällt als an ITO-Anoden. Des Weiteren ist zu sehen, dass die Proben mit einer Gittertiefe von 74 nm, 95 nm und 100 nm die größten Stromstärken aufweisen und sich in ihrer Charakteristik kaum unterscheiden. Die Probe mit einer Gittertiefe von 73 nm zeigt den geringsten Strom gefolgt von der Referenz-OLED. Dieses Verhalten ist nur durch eine Schwankung im Herstellungsprozess zu erklären. Insbesondere können sich kleine Unterschiede bei den Polymeranoden auf das Betriebsverhalten der OLEDs stark auswirken. So ist beispielsweise in Abbildung 7.9(b), die den Lichtstrom über der Spannung zeigt, zu sehen, dass sich eine verringerte Stromstärke direkt auf den Lichtstrom auswirkt. Dabei fällt auf, dass die Referenz-OLED einen noch geringeren Lichtstrom aufweist. Um die externe Quanteneffizienz der verschiedenen Proben beurteilen zu können, ist es sinnvoll, den Lichtstrom über der Stromstärke aufzutragen (siehe Abbildung 7.9(c)). Hierbei zeigt sich, dass die OLED mit einer Gittertiefe von 73 nm bis

11 mA die höchste Quanteneffizienz hat. Danach kommen die OLEDs mit Gittertiefen von 95 nm, 100 nm und 74 nm. Die Referenz-OLED weist eine deutlich geringere Quanteneffizienz auf. Zum einen ist festzustellen, dass Gitter die OLEDs effizienter machen, zum anderen lässt sich jedoch noch keine Aussage darüber treffen, inwieweit die Gittertiefe hierbei eine Rolle spielt. Dies liegt mit hoher Wahrscheinlichkeit an den Qualitätsschwankungen bei der Gitterproduktion. Abbildung 7.9(d) zeigt den Lichtstrom über der elektrischen Leistung aufgetragen und ist somit ein Maß für die Gesamteffizienz der Bauteile. Hier kommt wieder die verringerte Strominjektion der OLED mit einer Gittertiefe von 73 nm zum Vorschein. In der Gesamteffizienz ordnen sich die OLEDs mit 95 nm, 100 nm, 74 nm und 73 nm nacheinander ein. Verglichen mit der Referenz-OLED weist die OLED mit einer Gittertiefe von 95 nm bei einer elektrischen Leistung von 200 mW eine Erhöhung der Gesamteffizienz um einen Faktor von ca. 3,3 auf.

Messung der Abstrahlcharakteristik - Gitterperiode 460 nm

Gemäß der Formel 7.6 kann ein in einer OLED eingebettetes Bragg-Gitter geführte Moden abhängig von der Wellenlänge unter einem bestimmten Winkel herausstreuen. Um diese Winkel zu detektieren, werden die OLEDs bei einem konstanten Strom von 5 mA betrieben und winkel- und wellenlängenaufgelöst vermessen. Das Messprinzip ist in Kapitel 3.3.3 näher erläutert. Dabei wird der Winkel von -90° bis +90° variiert und bei jedem Intervall ein Spektrum aufgenommen. Das Ergebnis ist in Abbildung 7.10 als Kontour-Diagramm, in welchem die Intensität farblich über der Wellenlänge und dem Winkel dargestellt ist, zu sehen. Die Farbskalen sind auf den jeweiligen Maximalwert skaliert, somit können die Maximalintensitäten verschiedener Diagramme nicht direkt miteinander verglichen werden. Jedoch lassen sich die Auskoppelwinkel der OLED mit Gitter (Siehe Abbildung 7.10(b)) deutlich erkennen, wohingegen die Referenz-OLED keine solche Auskoppelmaxima aufweist (siehe Abbildung 7.10(a)).

Messung des Lichtstroms - Gitterperiode 370 nm

Nach den vielversprechenden Ergebnissen der OLEDs aus der ersten Charge, werden in der zweiten Charge OLEDs mit einer Gitterperiode von 370 nm und Gittertiefen von 48 nm, 64 nm, 75 nm und 77 nm vermessen und mit einer Referenz-OLED ohne Gitter verglichen. Die Ergebnisse der Ulbricht-Kugel-Messungen sind in Abbildung 7.11 zu sehen. Die Strom-Spannungs-Kennlinien in Abbildung 7.11(a) zeigen alle ein ähnliches Verhalten, wobei festzustellen ist, dass die Referenz-OLED die geringste Stromstärke aufweist. Über diese Eigenschaft wird auch in [144] berichtet. Demnach verringert sich durch die Korrugation, die das Gitter auf die einzelnen

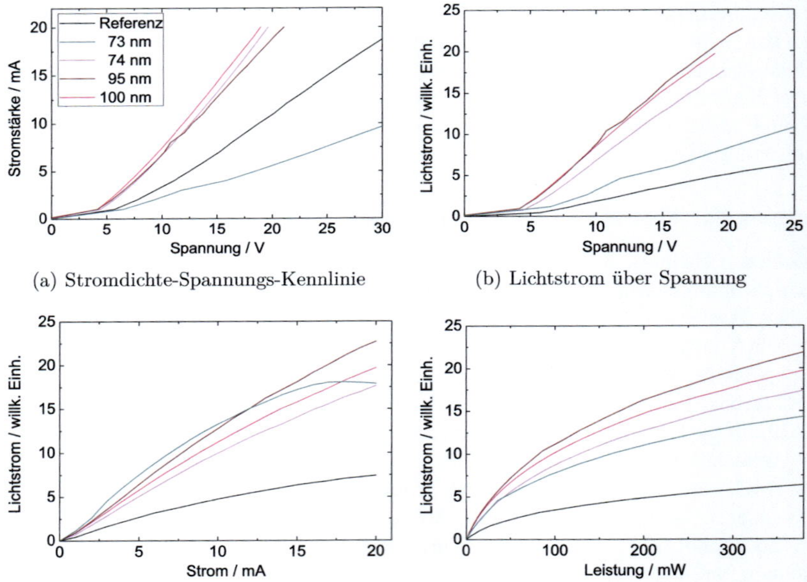

(a) Stromdichte-Spannungs-Kennlinie

(b) Lichtstrom über Spannung

(c) Lichtstrom über Stromstärke

(d) Lichtstrom über Leistung

Abbildung 7.9: Strom-Spannungs-Kennlinie (a), sowie Lichtstrom über Spannung (b), Stromstärke (c) und elektrischer Leistung (d) der vier strukturierten OLEDs und einer Referenz-OLED.

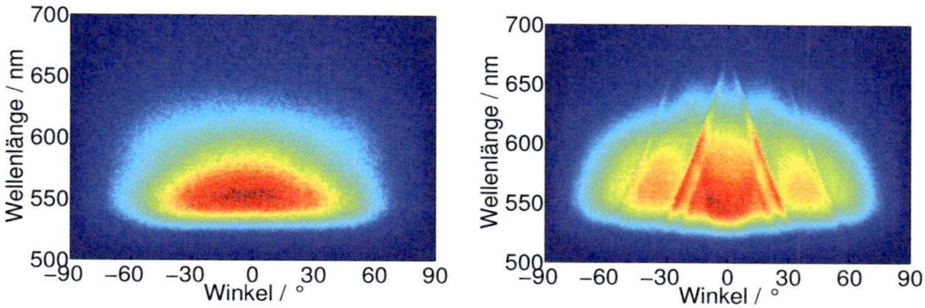

(a) Referenz (b) Gittertiefe 73 nm

Abbildung 7.10: Winkel- und wellenlängenaufgelöste Intensitätsmessungen einer Referenz-OLED (a) und einer OLED mit einer Gitterperiode von 460 nm und einer Gittertiefe von 73 nm (b).

Schichten innerhalb der OLED übertragt, der effektive Abstand zwischen Anode und Kathode. Dies erhöht lokal die Feldstärke, was wiederum eine erhöhte Stromstärke bedingt [146]. Die Kurve der OLED mit einer Gittertiefe von 77 nm ist bei ca. 18 V abgeschnitten, da ab dieser Spannung die OLED durch einen Kurzschluss sehr schnell degradiert ist. Betrachtet man den Lichtstrom in Abhängigkeit von der Spannung (siehe Abbildung 7.11(b)), so fällt auf, dass - abgesehen von der Referenz-OLED - die OLEDs mit einer Gittertiefe von 64 nm und 48 nm einen deutlich geringeren Lichtstrom aufweisen, als die anderen strukturierten OLEDs. Da diese OLEDs kein ungewöhnliches Verhalten in der Strom-Spannungs-Kennlinie zeigen, ist davon auszugehen, dass ihre Effizienz von der jeweiligen Gittertiefe abhängt. Dies wird umso deutlicher, wenn man den Lichtstrom über der Stromstärke aufträgt, wie in Abbildung 7.11(c) dargestellt. Diese Darstellungsweise erlaubt Rückschlüsse auf die Quanteneffizienz. Dabei stellt sich heraus, dass die OLEDs mit zunehmender Gittertiefe effizienter werden. Das gleiche Verhalten ist auch in Abbildung 7.11(d) zu sehen, bei der der Lichtstrom über der elektrischen Leistung aufgetragen ist. Da sich die Strom-Spannungs-Kennlinien aller OLEDs nicht besonders stark unterscheiden und somit die Schwankung in den elektrischen Eigenschaften der Polymeranoden vernachlässigbar ist, überträgt sich die Quanteneffizienz fast direkt auf die Gesamteffizienz. Diese erhöht sich bei einer Leistung von 200 mW für die OLED mit einer Gittertiefe von 77 nm im Vergleich zur Referenz-OLED um einen Faktor von ca. 3,9. Um mehr über den Ursprung dieser enormen Steigerung herauszufinden, werden winkel- und wellenlängenaufgelöste EL- und PL-Messungen durchgeführt.

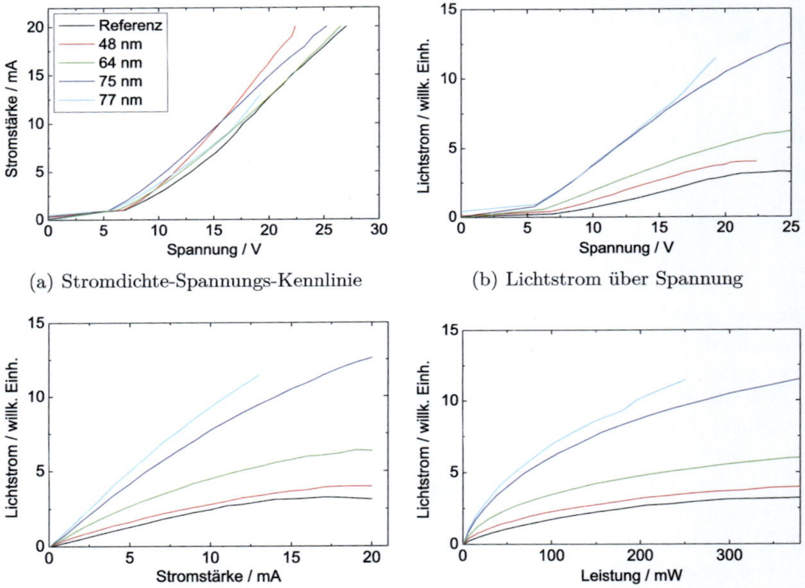

(a) Stromdichte-Spannungs-Kennlinie

(b) Lichtstrom über Spannung

(c) Lichtstrom über Stromstärke

(d) Lichtstrom über Leistung

Abbildung 7.11: Strom-Spannungs-Kennlinie (a), sowie Lichtstrom über Spannung (b), Stromstärke (c) und elektrischer Leistung (d) der vier strukturierten OLEDs und einer Referenz-OLED.

Messung der Abstrahlcharakteristik - Gitterperiode 370 nm

Die goniometrischen EL-Messungen sind in Abbildung 7.12 zu sehen. Die Proben sind polarisationsabhängig bei einer Stromstärke von 5 mA vermessen, sodass sich etwaige TE- und TM-Moden unterscheiden lassen. Bei allen Diagrammen, insbesondere bei der Referenz-OLED (siehe Abbildung 7.12(a) und 7.12(b)), ist zu sehen, dass die Proben während der Messung von -90° bis +90° etwas an Intensität verlieren und dadurch leicht unsymmetrisch sind. Die strukturierten OLEDs zeigen alle charakteristische winkel- und wellenlängenabhängige Auskoppelmaxima, wobei die Maxima ausgeprägter erscheinen, je tiefer die Gitter sind. Bei genauer Betrachtung der OLED mit einer Gittertiefe von 77 nm ist zu erkennen, dass es sowohl zwei TE-Moden (siehe Abbildung 7.12(i)) als auch zwei TM-Moden (siehe Abbildung 7.12(j)) gibt, die durch das Bragg-Gitter ausgekoppelt werden.

Um genauere Aussagen über die Ordnung der Moden machen zu können, wird der Schichtaufbau der OLEDs mit der Transfer-Matrix-Methode simuliert [158]. Unter Einbeziehung der Schichtdicken und Brechungsindizes der einzelnen Schichten berechnet die Simulation die Feldverteilung innerhalb der OLED (siehe Kapitel 2.2.4). Die Lösungen sind die gesuchten geführten Moden. Die Simulation berechnet ferner den komplexen Brechungsindex der geführten Moden, ihre räumliche Verteilung sowie ihre mittlere freie Weglänge, sodass abgeschätzt werden kann, ob eine bestimmte geführte Mode effizient mit einem Gitter oder sonstigen Nanostrukturen wechselwirken kann, oder ob sie sehr schnell absorbiert wird. Genaue Angaben zur Simulationsmethode sind in [159] zu finden.

Beispielhaft sind in Abbildung 7.13 die zwei TE-Moden der ITO-freien OLEDs dargestellt. Die effektiven Brechungsindizes, die mittleren freien Weglängen sowie die über Formel 7.6 berechneten Auskoppelwinkel der zwei TE- und der drei TM-Moden sind in Tabelle 7.2 für eine Wellenlänge von 550 nm aufgelistet. Die berechneten Auskoppelwinkel stimmen sehr gut mit den gemessenen in den Diagrammen in Abbildung 7.12 überein. Laut den berechneten mittleren freien Weglängen sollten die TE_0- und TM_1-Moden höhere Intensitäten aufweisen, als die TE_1- und TM_2-Moden. Jedoch ist die Intensität der TE_1-Mode deutlich größer als die der TE_0-Mode, was damit zusammen hängt, dass der Überlapp der TE_1-Mode mit der Emitterschicht viel größer ist als der der TE_0-Mode. Das bedeutet, dass letztere Mode mit deutlich weniger Photonen besetzt ist als die TE_1-Mode und dass deshalb auch weniger Photonen mit dem Gitter wechselwirken. Die TM_0- oder SPP-Mode ist hier zwar berechnet, jedoch ist ihr Auftreten in OLEDs mit einem Polymer als Emittermaterial aufgrund der räumlichen Ausrichtung der Dipole sehr unwahrscheinlich (siehe Kapitel 2.2.4).

In Abbildung 7.14 sind verschiedene Schnittbilder der Diagramme aus Abbildung 7.12 zu sehen. Abbildung 7.14(a) und 7.14(b) zeigen Schnitte bei einer Wellen-

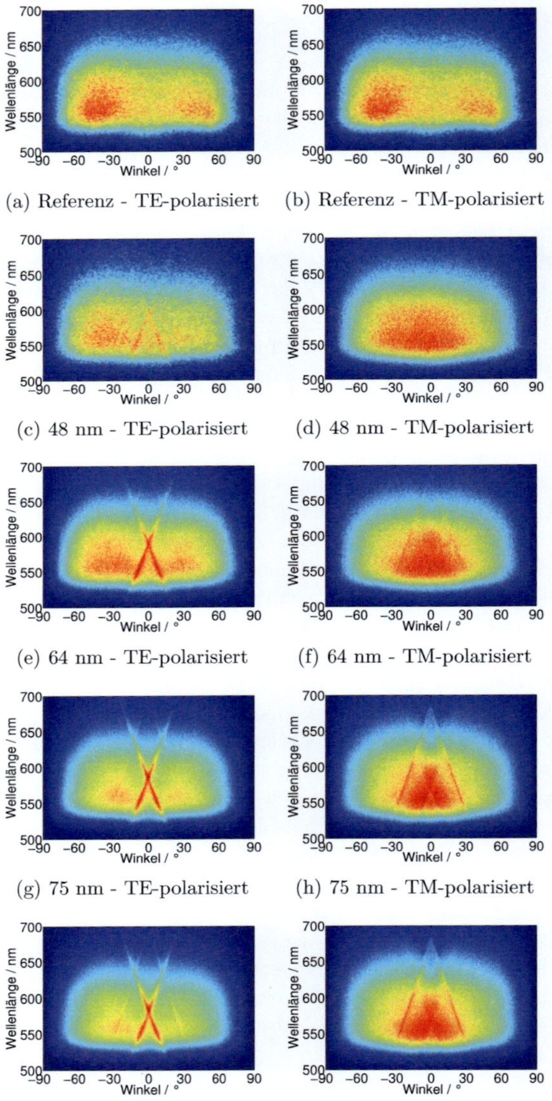

(a) Referenz - TE-polarisiert (b) Referenz - TM-polarisiert

(c) 48 nm - TE-polarisiert (d) 48 nm - TM-polarisiert

(e) 64 nm - TE-polarisiert (f) 64 nm - TM-polarisiert

(g) 75 nm - TE-polarisiert (h) 75 nm - TM-polarisiert

(i) 77 nm - TE-polarisiert (j) 77 nm - TM-polarisiert

Abbildung 7.12: Polarisationsabhängige Abstrahlcharakteristik einer Referenz-OLED und mehrerer mit einem Gitter strukturierten OLEDs verschiedener Gittertiefe.

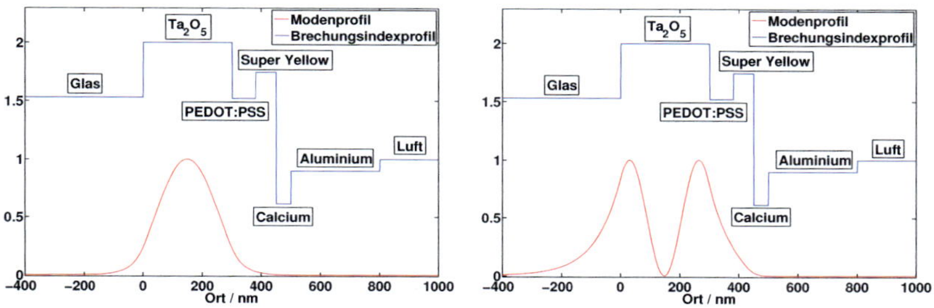

(a) TE_0-Mode (b) TE_1-Mode

Abbildung 7.13: Simulierte Intensitätsprofile der TE_0- und TE_1-Mode in der Schichtstruktur einer ITO-freien OLED.

Mode	effektiver Brechungsindex n_{eff}	mittlere freie Weglänge / µm	Auskoppelwinkel / °
TE_0	1,90 + 0,00013i	126,62	24
TE_1	1,62 + 0,00143i	13,10	8
TM_0 / SPP	2,11 + 0,68280i	0,38	-
TM_1	1,87 + 0,00243i	56,19	23
TM_2	1,55 + 0,00692i	13,54	4

Tabelle 7.2: Komplexe effektive Brechungsindizes, mittlere freie Weglängen und Auskoppelwinkel der verschiedenen geführten Moden bei einer Wellenlänge von 550 nm.

länge von 550 nm in TE- und TM-Polarisation. In Abbildung 7.14(c) ist die Summe beider Diagramme zu sehen und Abbildung 7.14(d) zeigt nicht nur die Summe beider Polarisationen sondern auch die Summe über alle Wellenlängen. Es ist besonders bei der TE-Polarisation deutlich zu erkennen, dass die Auskoppelmaxima mit zunehmender Gittertiefe markanter werden. Ebenso auffällig ist das Abstrahlprofil aller OLEDs. Es fällt zu großen Winkeln hin ab. Doch das wichtigste Merkmal der Diagramme sind zum einen die extremen Erhöhungen der Intensitäten mit zunehmender Gittertiefe. Es ist direkt ersichtlich, dass diese Erhöhungen nicht nur von der Auskopplung geführter Moden herrühren kann, da ansonsten die Auskoppelmaxima viel ausgeprägter sein müssten und der restliche Verlauf der Kurve sich nicht zu sehr von dem der Referenz-OLED unterscheiden dürfte. Zum anderen ist festzustellen, dass die Kurven der OLED mit einer Gittertiefe von 48 nm ganz leicht unter den Kurven der Referenz-OLED liegt. Das bedeutet, dass die Wirkung des Bragg-Gitters auf die Effizienz der OLEDs erst ab einer bestimmten Gittertiefe überhaupt zum Tragen kommt. Dass die strukturierte OLED eine geringfügig kleinere Intensität als die Referenz-OLED aufweist, ist auf Prozessschwankungen bei der OLED-Herstellung zurückzuführen.

Ein ähnliches Verhalten zeigen die OLEDs auch bei der winkel- und wellenlängenaufgelösten PL-Messung.

7.3.4 Photolumineszenzmessungen

Hierbei werden die OLEDs wie in Kapitel 3.3.4 beschrieben optisch angeregt und ihr Spektrum in einem Winkelbereich von 0° bis +90° polarisationsabhängig aufgenommen. Die Ergebnisse sind in Abbildung 7.15 zu sehen. In Abbildung 7.15(a) und 7.15(b) ist die TE- und TM-polarisierte Emission bei einer Wellenlänge von 550 nm zu sehen. Da die OLEDs bei dieser Messung schon durch die EL-Messungen etwas degradiert waren, sind die Auskoppelmaxima nicht mehr so deutlich zu erkennen. Dennoch sind Steigerungen in der Intensität mit zunehmender Gittertiefe gut in Abbildung 7.15(c) und 7.15(d) zu sehen. Sie präsentieren die Summe der vorherigen Diagramme bzw. die über alle Wellenlängen aufsummierte Intensität.

Die Abstrahlcharakteristik der OLEDs in der PL-Messung unterscheidet sich deutlich von der EL-Messung. Das liegt vor allem daran, dass dies zwei völlig unterschiedliche Anregungsmechanismen sind. Während bei der elektrischen Anregung Ladungsträger von den Elektroden in die organischen Schichten der OLED injiziert werden, die sich je nach Elektronen- und Löchermobilität an einer bestimmten Stelle in der Emitterschicht treffen und dort Exzitonen bilden, kann davon ausgegangen werden, dass bei der optischen Anregung im gesamten beleuchteten Volumen der Emitterschicht Exzitonen gebildet werden. Dies führt zu einer veränderten Photo-

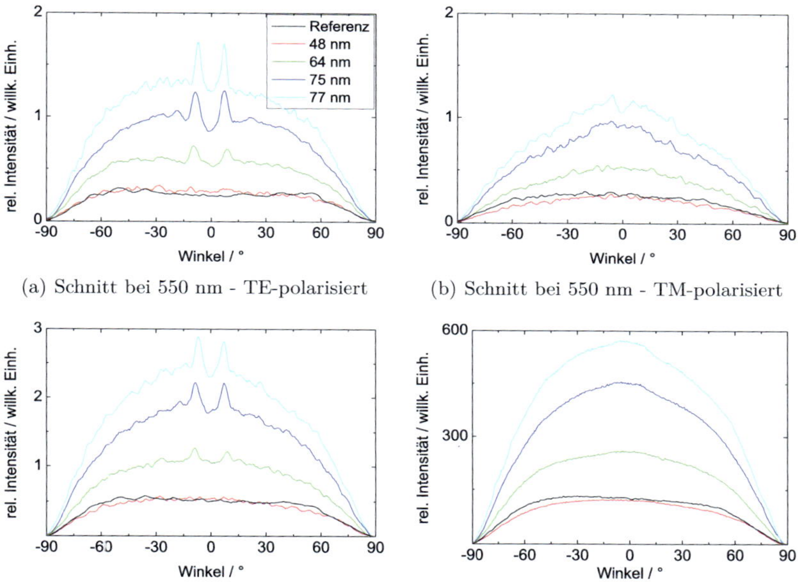

(a) Schnitt bei 550 nm - TE-polarisiert

(b) Schnitt bei 550 nm - TM-polarisiert

(c) Schnitt bei 550 nm - unpolarisiert

(d) Gesamtes Spektrum

Abbildung 7.14: Winkelaufgelöste EL-Messung der ITO-freien OLEDs mit verschiedenen Gittertiefen verglichen mit einer Referenz-OLED: TE-polarisiert (a), TM-polarisiert (b) und unpolarisiert (c) bei einer Wellenlänge von 550 nm, sowie über alle Wellenlängen aufsummiert (d).

nenbesetzung der geführten Moden und ferner zu einem veränderten Abstrahlprofil. Zwar ist der Trend der größeren Effizienz mit zunehmender Gittertiefe auch hier zu erkennen, jedoch bleiben zunächst die Fragen, warum das Abstrahlprofil während der EL-Messungen etwas verbreitert ist und warum sich die Effizienz mit zunehmender Gittertiefe so drastisch erhöht.

Der Grund hierfür liegt darin, dass einerseits durch die relativ dicke Ta_2O_5-Hochindexschicht die geführten Moden weg von der Kathode, an der die Photonen relativ schnell absorbiert werden, in Richtung Glassubstrat verschoben werden und dadurch mehr kontinuierliche Substratmoden im Glassubstrat vorhanden sind. Andererseits können nun dieselbigen auch mit dem Gitter in der Ta_2O_5-Hochindexschicht wechselwirken. Dies geschieht so, dass die an der Grenzfläche zwischen Glas und Luft

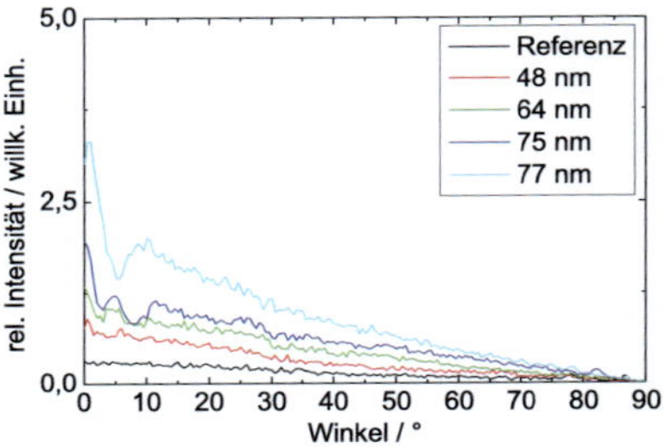

(a) Schnitt bei 550 nm - TE-polarisiert

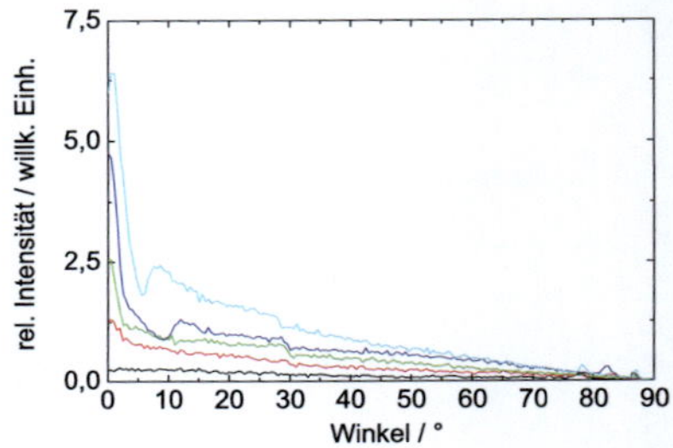

(b) Schnitt bei 550 nm - TM-polarisiert

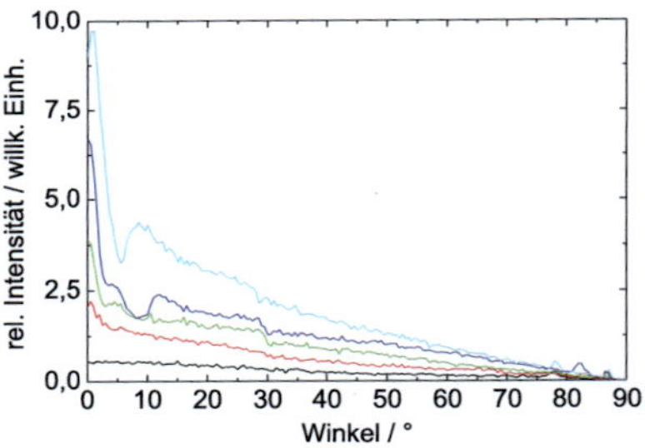

(c) Schnitt bei 550 nm - unpolarisiert

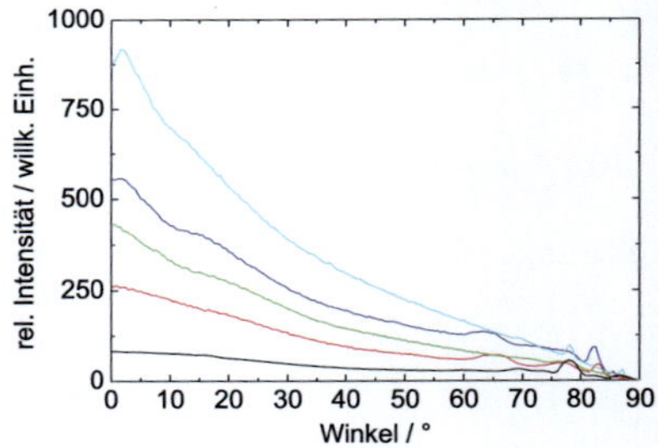

(d) Gesamtes Spektrum

Abbildung 7.15: Winkelaufgelöste PL-Messung der ITO-freien OLEDs mit verschiedenen Gittertiefen verglichen mit einer Referenz-OLED: TE-polarisiert (a), TM-polarisiert (b) und unpolarisiert (c) bei einer Wellenlänge von 550 nm, sowie über alle Wellenlängen aufsummiert (d).

totalreflektierten Photonen am Gitter gestreut werden und so ihre Richtung ändern. Falls die Richtungsänderung noch nicht ausreicht, um das Substrat zu verlassen und die Photonen erneut an der Grenzfläche zwischen Glas und Luft totalreflektiert werden, so können sie nochmals am Gitter gestreut werden, so lange, bis die im Substrat verbliebenen Photonen ihre Richtung soweit geändert haben, dass sie das Glassubstrat verlassen können. Dieser Sachverhalt wird auch in [160] simulativ behandelt. Es wird gezeigt, dass sich Gitter zwischen dem Substrat und den darauffolgenden Schichten einer OLED mit zunehmender Gittertiefe nicht nur auf geführte Moden, sondern auch auf Substratmoden positiv auswirken.

Diese These wird auch unterstützt durch eine Messung an einer unstrukturierten, ITO-freien Referenz-OLED mit einer Ta_2O_5-Hochindexschicht. Diese wird, wie in Abbildung 7.16 schematisch dagestellt ist, einmal mit und einmal ohne eine auf die Substrataußenseite angebrachte Glashalbkugel elektrisch angeregt und winkelabhängig vermessen. Die mit einem Immersionsöl (Immersol™518 F, Zeiss) versehene Glashalbkugel bewirkt, dass die Substratmoden an der Substrataußenseite nicht mehr totalreflektiert werden, sondern ungebrochen in die Glashalbkugel übergehen und nahezu senkrecht auf die Kugeloberfläche treffen und somit wiederum ungebrochen aus der Glashalbkugel austreten können. Da man hierbei jedoch von einer punktförmigen Lichtquelle und einer unendlich ausgedehnten Glashalbkugel ausgeht, ist die Messung in diesem Fall etwas fehlerbehaftet. Dennoch ist sie aufschlussreich, was die ausgekoppelten Substratmoden angeht. In Abbildung 7.17 ist die winkelabhängige Intensität der EL-Messung der Referenz-OLED mit und ohne Glashalbkugel bei einer Stromstärke von 5 mA normiert dargestellt. Zusätzlich ist die auf die Referenz-OLED ohne Glashalbkugel normierte Kurve der OLED mit einer Gittertiefe von 77 nm aus Abbildung 7.14(d) zu sehen. Die Wirkung der Glashalbkugel auf die detektierte Intensität ist direkt ersichtlich. In Vorwärtsrichtung wird dadurch eine Steigerung der Effizienz von einem Faktor von ca. 3,6 erreicht. Dies ist im Vergleich zur OLED mit einer Gittertiefe von 77 nm, die gegenüber der Referenz-OLED eine Erhöhung um einen Faktor von ca. 4,3 aufweist, etwas geringer. Er wird auf die oben angesprochenen Fehler und die Tatsache, dass sich die Modenverteilung in beiden OLEDs durch das Gitter leicht unterscheidet, zurückgeführt.

Damit ist gezeigt, dass die Modenverteilung in ITO-freien OLEDs mit einer relativ dicken Ta_2O_5-Hochindexschicht im Vergleich zu gewöhnlichen OLEDs, wie sie in Kapitel 2.2.4 beschrieben sind, in Richtung der Substratmoden verschoben ist. Da sich die kontinuierlich verteilten Substratmoden in der Regel nur mit zusätzlichen Auskoppelstrukturen auf der Substrataußenseite aus der OLED extrahieren lassen, ist es sehr vorteilhaft, dass die in die Hochindexschicht eingebrachten Gitter nicht

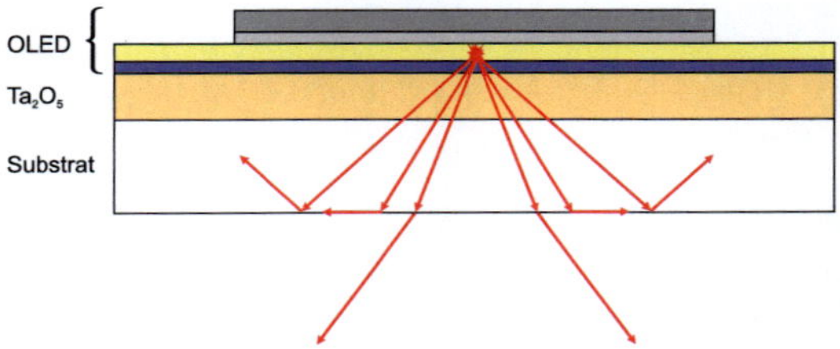

(a) ohne Glashalbkugel

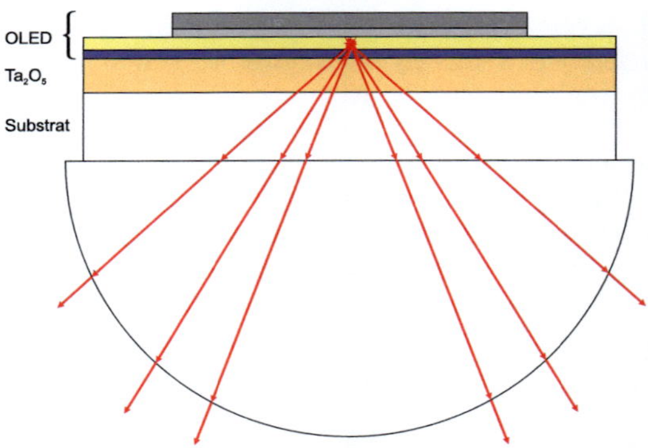

(b) mit Glashalbkugel

Abbildung 7.16: (a) Die Substratmoden einer OLED werden ab einem bestimmten Winkel am Grenzübergang Glas-Luft totalreflektiert. (b) Eine mit Immersionsöl versehene und auf die Substrataußenseite aufgesetzte Glashalbkugel unterbindet die Totalreflektion. Alle Substratmoden gehen in die Glashalbkugel über, welche sie nahezu ungebrochen verlassen können.

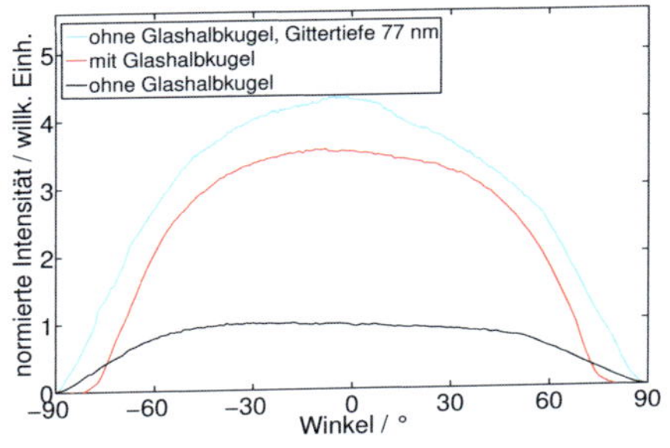

Abbildung 7.17: Vergleich der winkelabhängigen EL-Messungen einer unstrukturierten, ITO-freien OLED mit einer Ta_2O_5-Hochindexschicht ohne Glashalbkugel (schwarze Kurve)und mit Glashalbkugel (rote Kurve). Daneben ist noch die Kurve der OLED mit einer strukturierten Ta_2O_5-Hochindexschicht mit 77 nm Gittertiefe zu sehen (türkise Kurve).

nur als Auskoppelelemente für geführte Moden dienen, sondern auch sehr effizient die Substratmoden aus den OLEDs extrahieren.

7.4 Zusammenfassung und Ausblick

ITO-freie OLEDs mit einer relativ dicken Ta_2O_5-Hochindexschicht weisen gegenüber konventionellen OLEDs mit einer dünnen ITO-Anode eine in Richtung der Ta_2O_5-Schicht und des darunter liegenden Glassubstrates verschobene Modenverteilung auf. Dies verringert unter anderem die Verlustprozesse an der Grenzfläche zur Kathode. Des Weiteren lassen sich durch die Konzentration der geführten Moden auf die Ta_2O_5-Schicht dieselben dort mit einem Bragg-Gitter effizient extrahieren. Das Gitter wird über eine Kombination von Laser-Interferenzlithographie und physikalischem Ätzen in die Ta_2O_5-Schicht eingebracht.

EL-Messungen des gesamten Lichtstroms der OLEDs ergeben, dass sich deren Effizienz mit steigender Gittertiefe enorm erhöht. Bei der OLED mit einer Gittertiefe von 77 nm wird eine Steigerung um den Faktor 3,9 bei einer elektrischen Leistung von 200 mW gemessen. Bei winkelaufgelösten EL-Messungen stellt sich heraus, dass durch das Gitter nicht nur geführte Moden, sondern vor allem auch Substratmoden aus den OLEDs extrahiert werden. Vergleichsmessungen an einer Referenz-OLED ohne Gitter in der Ta_2O_5-Schicht, die sowohl mit als auch ohne aufgesetzte Glashalbkugel als Extraktionselement der Substratmoden durchgeführt werden, ergeben eine vergleichbare Steigerung der Effizienz der OLED, wie im Falle von OLEDs mit einem ausreichend tiefen Bragg-Gitter.

8 Raue Hochindex-Zwischenschichten

Zusammenfassung[1]

Dieses Kapitel behandelt drei unterschiedliche Methoden, um die Oberflächen von Glassubstraten, auf welche später ITO-freie OLEDs hergestellt werden, aufzurauen, und der damit einhergehenden effizienteren Auskopplung der geführten Moden und Substratmoden aus diesen OLEDs. Zum Aufrauen werden das Sandstrahlverfahren, Schleifpaste und Glasätzcreme eingesetzt. Da jede Methode eine spezielle und unterschiedlich große Rauheit mit teilweise hohen Spitzen erzeugt, werden manche Substratoberflächen danach poliert, bevor alle mit einer 50 nm dicken Wellenleiterschicht aus Ta_2O_5 bedampft werden. Um deren Oberfläche so weit zu glätten, dass darauf ITO-freie OLEDs hergestellt werden können, werden sie mit einer Schicht aus transparentem Fotolack überzogen.

Die Effizienzen der OLEDs werden durch EL-Messungen miteinander verglichen. Es stellt sich heraus, dass OLEDs, die mittels Sandstrahlen und Schleifpaste aufgeraut wurden, einen um ca. 37,4 %, bzw. um ca. 16 % erhöhten Lichtstrom zeigen, verglichen mit Referenz-OLEDs, die den gleichen Substrataufbau, jedoch ohne raue Oberflächen, aufweisen. PL-Messungen beweisen ferner, dass alle OLEDs auf rauen Substraten eine erhöhte Auskoppeleffizienz besitzen. Da jedoch die interne Quanteneffizienz durch die Beschaffenheit der Fotolack-Schicht beeinflusst wird, kann dies wie im Falle der OLED, die mit Glasätzcreme aufgeraut wurde, zu einer Verringerung der externen Quanteneffizienz führen.

[1] Teile dieses Kapitels wurden bereits in folgenden Publikationen veröffentlicht:
(a) B. Riedel *et al.*, *Improving the outcoupling efficiency of indium-tin-oxide-free organic light-emitting diodes via rough internal interfaces*, Opt. Express **18**, A631 (2010).
(b) B. Riedel *et al.*, *Methods to Enhance the Efficiency of Organic Light Emitting Devices*, Proc. TPE (2010).

8.1 OLED-Aufbau

Dem vorherigen Kapitel ähnlich werden nun wieder ITO-freie OLEDs auf einer modifizierten Substratoberfläche hergestellt. Der Unterschied der Modifikation besteht im Wesentlichen darin, dass sie nicht mehr periodisch sondern stochastisch strukturiert ist. Diese Art von Nanostrukturierung wird durch drei verschiedene Aufraumethoden erreicht, die in diesem Kapitel näher vorgestellt werden. Allen drei Methoden gemein ist das Ziel, die Auskoppeleffizienz der ITO-freien OLEDs zu erhöhen. Im Gegensatz zum vorherigen Kapitel wird nicht erst die Oberfläche einer relativ dicken Ta_2O_5-Hochindexschicht strukturiert, sondern schon das Glassubstrat selbst. Dieses wird wiederum mit einer 50 nm dicken Schicht aus Ta_2O_5 bedampft, welche aufgrund ihres hohen Brechungsindex als Wellenleiterschicht, in der sich die geführten Moden der später aufgebrachten ITO-freien OLED befinden, fungiert. Durch ihre raue und unregelmäßige Oberfläche sollen dadurch geführte Moden aus dem Bauteil herausgestreut werden [161].

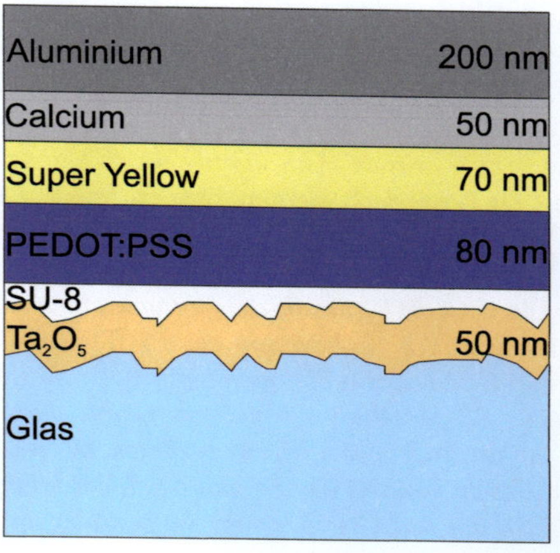

Abbildung 8.1: Schematische Darstellung einer ITO-freien OLED, die auf einem durch eine raue Ta_2O_5-Hochindexschicht modifizierten Glassubstrat hergestellt ist.

Der Schichtaufbau der OLEDs ist schematisch in Abbildung 8.1 dargestellt. Da die verschiedenen Aufraumethoden unterschiedliche Rauheiten erzeugen, sind die genannten Schichtdicken lokalen Schwankungen unterworfen. Die zwischen der Ta_2O_5- und PEDOT:PSS-Schicht befindliche transparente Fotolack-Schicht aus SU-8 dient dazu, die raue Oberfläche der vorherige Schicht wieder etwas zu glätten, sodass die Gefahr von Kurzschlüssen in der darüberliegenden OLED minimiert wird.

8.2 Herstellung rauer Hochindex-Zwischenschichten

Die Herstellung rauer Hochindex-Zwichenschichten, wie sie in dieser Arbeit verwendet werden, erfordert eine Kombination aus verschiedenen Technologien. Sie ist schematisch in Abbildung 8.2 dargestellt. Zuerst wird ein auf die Standardgröße zurechtgeschnittenes Glassubstrat aus Kalknatronglas (siehe Kapitel 3.1.1) durch drei verschiedene, im Folgenden beschriebene Methoden aufgeraut. Dann werden die rauen Oberflächen, die durch Sandstrahlen und Glasätzcreme aufgeraut wurden, etwas poliert, um zu hohe Spitzen zu entfernen. Darauf folgt die Ta_2O_5-Hochindexschicht, die durch Elektronenstrahlverdampfen aufgebracht wird. Als letzter Schritt bevor ITO-freie OLEDs auf diesen modifizierten Substraten hergestellt werden können, wird die Ta_2O_5-Oberfläche mit dem transparenten Fotolack SU-8 beschichtet und der Lack ausgehärtet, um eine glattere Substratoberfläche zu erhalten.

8.2.1 Herstellung rauer Oberflächen

Im Folgenden werden die drei zur Herstellung von rauen Glasoberflächen verwendeten Methoden kurz vorgestellt. Eine detailliertere Beschreibung findet sich im Anhang in Kapitel A.5.

Aufrauen durch Sandstrahlen

Beim Sandstrahlen wird Strahlgut mithilfe von Druckluft beschleunigt und über eine Düse auf die zu behandelnde Oberfläche gerichtet. Für die Erzeugung rauer Glasoberflächen wird Korund (Al_2O_3) mit einer Körnung von ca. 50 µm als Strahlgut ausgewählt.

Eine Glasoberfläche, die mit Sandstrahlen behandelt wurde, sieht typischerweise aus, wie in Abbildung 8.3 gezeigt. Es sind scharfkantige Krater und spitze Erhöhungen zu erkennen, welche das harte Strahlgut Korund hinterlassen hat. Insgesamt ist die Oberfläche sehr zerklüftet, was sich in den mit einem AFM gemessenen Rauheiten quantifizieren lässt. Abhängig vom Strahldruck werden quadratische Rauheiten von ca. 330 nm bei 3 bar und ca. 600 nm bei 5 bar gemessen. Die Rauheiten sind in Tabelle 8.1 zusammengefasst.

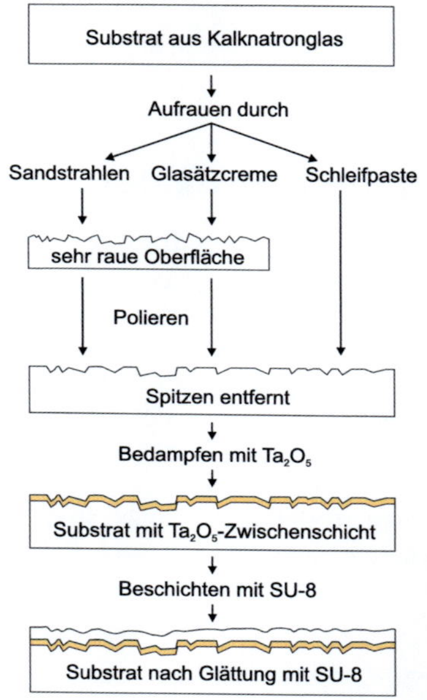

Abbildung 8.2: Substrate aus Kalknatronglas werden mittels Sandstrahlen, Glasätzcreme und Schleifpaste aufgeraut. Die ersten zwei Verfahren ergeben besonders raue Oberflächen mit hohen Spitzen und scharfen Kanten. Diese werden durch Polieren der rauen Oberflächen entfernt. Nach dem Poliervorgang wird eine Schicht aus Ta_2O_5 aufgedampft, die wiederum mit einer Schicht aus dem Fotolack SU-8 geglättet wird.

Druck / bar	R_m / nm	R_q / nm	R_t / nm
3	250	330	1420
5	500	600	3050

Tabelle 8.1: Mittlere Rauheit R_m, quadratische Rauheit R_q und maximale Höhe des Profils R_t von Glasoberflächen in Abhängigkeit vom Strahldruck.

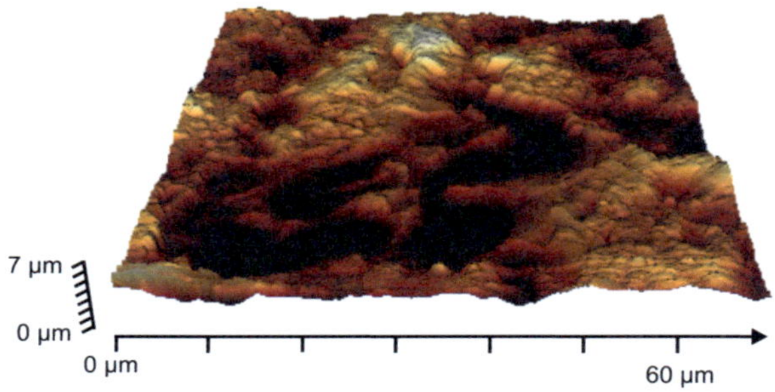

Abbildung 8.3: AFM-Aufnahme eines gesandstrahlten Glassubstrates. Die Oberfläche weist eine große Rauheit auf und wirkt zerklüftet.

Aufrauen mit Schleifpaste

Die zweite Methode, um raue Glasoberflächen herzustellen, ist das Aufrauen mit Schleifpaste. Eine typische Oberfläche eines mit Schleifpaste der Körnung 3 µm aufgerauten Glassubstrates ist in Abbildung 8.4 zu sehen. Sie weist im Gegensatz zur sandgestrahlten Glasoberfläche keine tiefen Krater auf und obwohl ein etwas tieferer Kratzer, welcher höchstwahrscheinlich von einem größeren Glassplitter verursacht wurde, zu sehen ist, kann die Oberfläche als einigermaßen gleichmäßig rau bezeichnet werden. Die quadratischen Rauheiten liegen für Schleifpasten der Körnung 1 µm im Bereich von 33 nm und für 3 µm im Bereich von 65 nm. Alle anderen Rauheiten sind in Tabelle 8.2 aufgelistet.

Körnung / µm	R_m / nm	R_q / nm	R_t / nm
1	28	33	165
3	55	65	375

Tabelle 8.2: Mittlere Rauheit R_m, quadratische Rauheit R_q und maximale Höhe des Profils R_t von Glasoberflächen in Abhängigkeit von der Körnung der Schleifpaste.

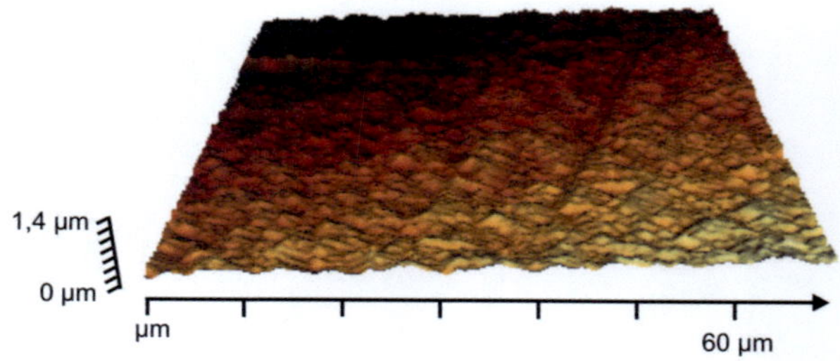

Abbildung 8.4: AFM-Aufnahme eines mit Schleifpaste der Körnung 3 µm behandelten Glassubstrates. Die Oberfläche weist eine eher gleichmäßige Rauheit ohne zu große Spitzen nach oben und unten auf.

Aufrauen mit Glasätzcreme

Die dritte und letzte Methode, mit der in dieser Arbeit Glasoberflächen angeraut werden, ist das Aufrauen mit Glasätzcreme. Sie wird mit einem Spatel auf das aufzurauende Glassubstrat aufgetragen, wo sie für mehrere Sekunden einwirken kann. Danach wird sie unter laufendem Wasser abgespült.

Die durch die Einwirkung der Glasätzcreme entstandene typische Rauheit ist in Abbildung 8.5 dargestellt. Es fällt auf, dass sie sich von den anderen Rauheiten deutlich unterscheidet. Es gibt praktisch keine tiefen Einschnitte; auf dem Substrat sind eher größere Flächen einigermaßen gleichmäßig weggeätzt und nur mehr oder weniger hohe abgeflachte Berge bleiben stellenweise zurück.

Die quadratische Rauheit liegt im Bereich von 150 nm bei einer Einwirkzeit von 10 Sekunden und 520 nm bei einer Einwirkzeit von 30 Sekunden. Die anderen Rauheiten sind in Tabelle 8.3 aufgelistet.

8.2.2 Polieren der rauen Oberflächen

Da die Rauheiten und insbesondere die maximale Höhe des Profils R_t der Proben, die mittels Sandstrahlen und Glasätzcreme aufgeraut werden, zu groß sind, werden diese Proben poliert. Der genaue Poliervorgang, die verwendete Poliermaschine und die verschiedenen Körnungen der Schleiffolien sind im Anhang in Kapitel A.5.4 beschrieben.

Die Proben, die durch Sandstahlen aufgeraut wurden, erfordern einen längeren Poliervorgang mit gröberen Schleiffolien. Das Resultat einer typischen polierten ge-

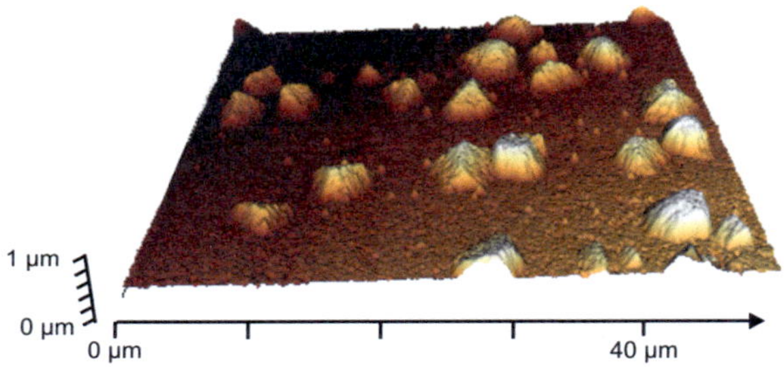

Abbildung 8.5: AFM-Aufnahme einer Glassubstratoberfläche, die mit Glasätzcreme bearbeitet wurde. Die ebene Fläche und die stellenweise auftretenden, halbrunden Berge sind gut zu sehen.

Einwirkzeit / s	R_m / nm	R_q / nm	R_t / nm
10	120	150	550
30	450	520	1800

Tabelle 8.3: Mittlere Rauheit R_m, quadratische Rauheit R_q und maximale Höhe des Profils R_t von Glasoberflächen in Abhängigkeit von der Einwirkzeit der Glasätzcreme.

sandstrahlten Probe ist in Abbildung 8.6 dargestellt. Die Zerklüftungen und scharfen Kanten sind stark reduziert und es sind nur noch Vertiefungen und praktisch keine Erhebungen mehr zu erkennen. Die quadratische Rauheit dieser Probe liegt bei ca. 200 nm. Sie wurde zuerst für 20 Minuten mit einer Schleiffolie der Körnung 6 µm poliert. Da aber schon mit bloßem Auge zu erkennen war, dass die Rauheit noch zu groß war, wurde sie zunächst für 15 Minuten mit einer Schleiffolie der Körnung 9 µm poliert, um schneller die größeren Spitzen abzutragen. Danach folgten weitere 10 Minuten des Poliervorgangs mit einer Schleiffolie der Körnung 1 µm, was letztendlich zur erreichten Rauheit führte. Weitere Rauheitswerte, auch von verschieden langen Polierdauern und verschiedenen Körnungen, sind der Tabelle 8.4 zu entnehmen.

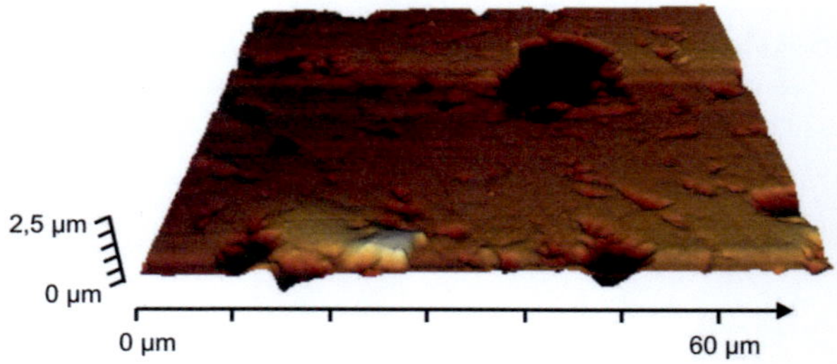

Abbildung 8.6: AFM-Aufnahme einer polierten Glassubstratoberfläche, die zuvor mittels Sandstrahlen aufgeraut wurde. Die Spitzen und Grate sind größtenteils abgetragen und es sind hauptsächlich die Gräben und Vertiefungen zu sehen.

Ein ganz ähnliches Bild zeichnet sich für die mit Glasätzcreme aufgerauten Glassubstrate ab. Je nach Wahl der Körnung der Schleiffolie und Dauer des Poliervorgangs werden die ehemals halbrunden Berge mehr oder weniger stark abgetragen und es bleibt ein Oberflächenlandschaft aus abgeflachten Hügeln zurück. Die quadratische Rauheit einer typischen polierten Substratoberfläche, die zuvor mit Glasätzcreme aufgeraut wurde, beträgt ca. 27 nm (siehe Abbildung 8.7). Sie wurde zuvor für 10 Minuten mit einer Schleiffolie der Körnung 3 µm poliert. Eine Auflistung aller Rauheiten abhängig von der Körnung und Polierdauer findet sich in Tabelle 8.5.

Körnung / µm - Polierdauer / min	R_m / nm	R_q / nm	R_t / nm
unpoliert	500	680	3250
3 - 20, 1 - 20	320	430	2000
6 - 20, 9 - 15, 3 - 10	200	250	900

Tabelle 8.4: Mittlere Rauheit R_m, quadratische Rauheit R_q und maximale Höhe des Profils R_t der zuvor gesandstrahlten Glasoberflächen in Abhängigkeit von der Polierdauer und der Körnung der Schleiffolien. Auch mehrstufige Poliervorgänge sind möglich.

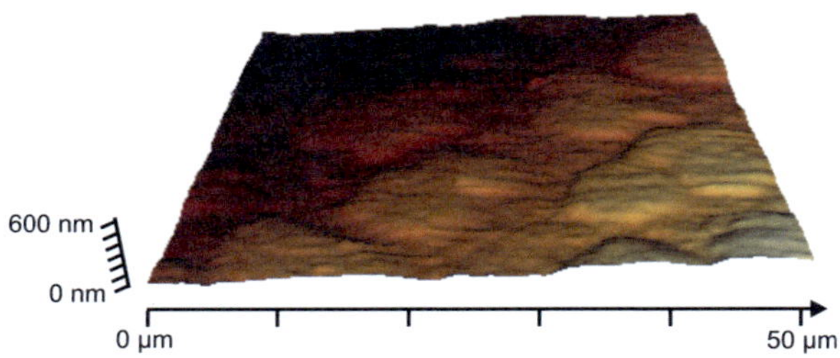

Abbildung 8.7: AFM-Aufnahme einer polierten Glassubstratoberfläche, die zuvor mit Glasätzcreme bearbeitet wurde. Die ehemals halbrunden Berge sind nun stark abgetragen.

Körnung / µm - Polierdauer / min	R_m / nm	R_q / nm	R_t / nm
unpoliert	120	150	550
6 - 5, 3 - 5	105	115	340
6 - 15	35	40	140
3 - 10	24	27	96
3 - 15	5	6	50

Tabelle 8.5: Mittlere Rauheit R_m, quadratische Rauheit R_q und maximale Höhe des Profils R_t der zuvor mit Glasätzcreme aufgerauten Glasoberflächen in Abhängigkeit von der Polierdauer und der Körnung der Schleiffolien. Auch mehrstufige Poliervorgänge sind möglich.

8.2.3 Aufbringen der Ta_2O_5-Zwischenschicht

Nachdem die Glassubstrate durch Sandstrahlen und Glasätzcreme aufgeraut und durch den Poliervorgang etwas geebnet sind, wird im folgenden Schritt eine 50 nm dicke Hochindexschicht aus Ta_2O_5 auf die durch die drei verschiedenen Methoden aufgerauten Oberflächen aufgedampft. Dies geschieht über den in Kapitel 3.2.2 vorgestellten Prozess des Elektronenstrahlverdampfens. Da sich die Ta_2O_5-Schicht direkt auf der rauen Oberfläche der Substrate abscheidet, überträgt sich auch deren Rauheit auf die darüberliegende Schicht. Nun ist diese Rauheit zwar schon etwas verringert und die scharfen Kanten und Spitzen sind entfernt, jedoch eignet sich die Oberfläche noch nicht, um funktionstüchtige OLEDs darauf zu bauen. Und da die Hochindexschicht zu dünn ist, um sie weiter zu glätten, wird eine transparente Schicht aus einem Material, welches sich in seinem Brechungsindex deutlich von dem des Ta_2O_5 unterscheidet, darauf aufgebracht.

8.2.4 Glätten der Ta_2O_5-Zwischenschicht mit SU-8

Bei diesem Material handelt es sich um den Negativ-Fotolack SU-8, welcher von der Firma Microchem hergestellt und vertrieben wird. Er basiert auf einem Epoxidharz und ist nach Belichtung mit UV-Licht und eventuell anschließender Entwicklung chemisch, thermisch und sogar mechanisch sehr stabil [162, 163]. Die Bezeichnung des Fotolacks ist SU-8 2005. Dieser hat laut Hersteller einen Feststoffanteil von ca. 45 % und ergibt Schichten mit Dicken zwischen 4,5 µm und 8 µm. Da diese Schichtdicken viel zu groß für die Anforderung des Glättens der rauen Oberflächen sind, wird der Fotolack auf einen Feststoffanteil von ca. 4 % verdünnt [164], sodass sich letztendlich Schichtdicken von ca. 200 nm ergeben. Nähere Angaben zur Prozessierung des Fotolacks finden sich im Anhang in Kapitel A.5.5. Zum einfacheren Verständnis wird im Folgenden weiterhin von SU-8 gesprochen.

Die Abbildungen 8.8, 8.9 und 8.10 zeigen AFM-Aufnahmen von Vertretern von Proben aller drei Aufraumethoden, die anschließend poliert und mit SU-8 geglättet wurden. Die bei diesen Proben verwendeten Prozessparameter werden auch für die Substrate der OLEDs verwendet. Die Sandstrahl-Proben werden mit einem Druck von 3 bar bestrahlt und anschließend für jeweils 20 Minuten mit Schleiffolien der Körnungen 6 µm, 3 µm und 1 µm poliert. Die mit Schleifpaste aufgerauten Proben werden 15 Minuten lang mit einer Paste der Körnung 3 µm geschliffen. Die mit Glasätzcreme behandelten Proben werden für 10 Sekunden geätzt, danach mit einer Schleiffolie der Körnung 3 µm für 10 Minuten poliert. Alle Vertreter der drei unterschiedlichen Aufraumethoden werden dann mit 50 nm Ta_2O_5 bedampft und anschließend nach dem im Anhang beschriebenen Prozess mit SU-8 geglättet.

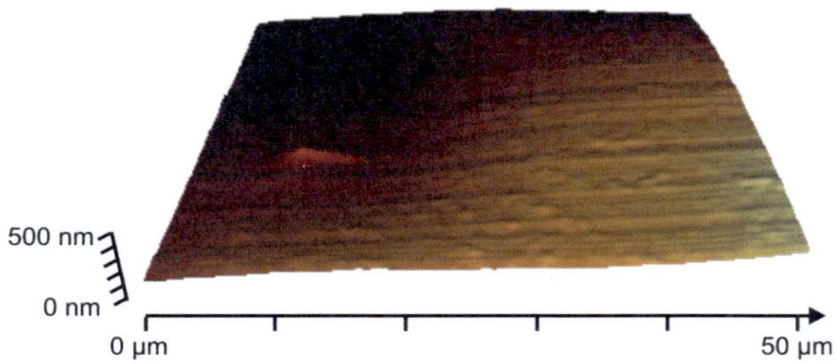

Abbildung 8.8: AFM-Aufnahme einer mit SU-8 geglätteten Glassubstratoberfläche, die zuvor mittels Sandstrahlen aufgeraut und anschließend poliert wurde. Abgesehen von ganz leichten Unebenheiten ist nur eine Welligkeit im Mikrometerbereich zu sehen.

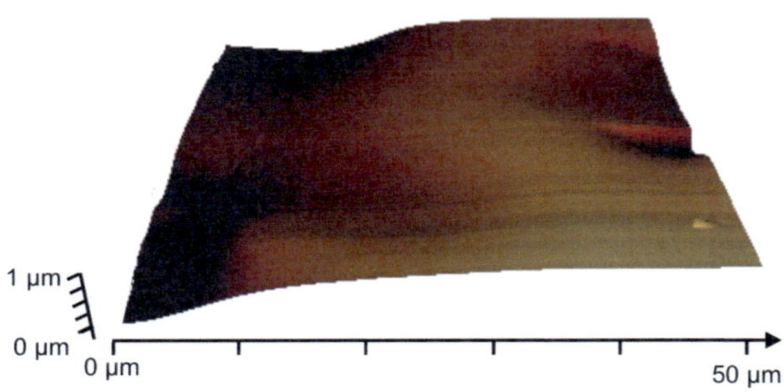

Abbildung 8.9: AFM-Aufnahme einer mit SU-8 geglätteten Glassubstratoberfläche, die zuvor mit Schleifpaste aufgeraut wurde. Im Nanometerbereich ist die Oberfläche glatt; sie weist nur im Mikrometerbereich eine Welligkeit auf.

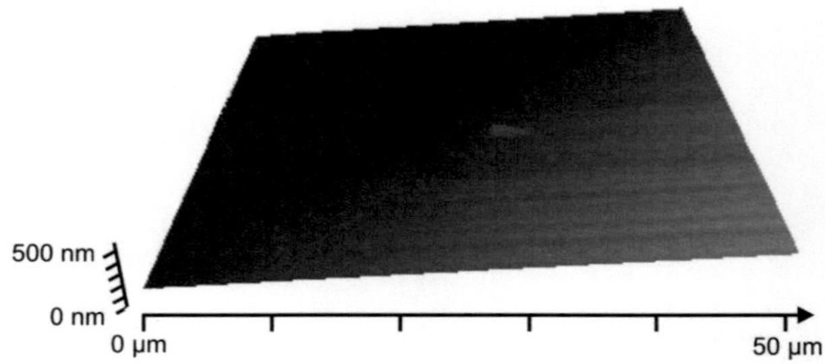

Abbildung 8.10: AFM-Aufnahme einer mit SU-8 geglätteten Glassubstratoberfläche, die zuvor mittels Glasätzcreme aufgeraut und danach poliert wurde. Es ist nur noch eine Welligkeit im Mikrometerbereich zu sehen.

Alle drei Aufnahmen haben gemein, dass die geglätteten Oberflächen nicht ganz planar, jedoch ausreichend glatt sind. Die Angabe einer gemessenen Rauheit ergäbe zwar einen endlichen Wert, der aber hinsichtlich der weiteren Verwendung dieser Substrate keine Rolle spielte. Das wichtigste Merkmal dieser Oberflächen ist, dass es keine Spitzen und Krater mehr gibt und die Welligkeit im Bereich von einigen Mikrometern liegt, was gute Voraussetzungen für funktionierende ITO-freie OLEDs darstellt.

8.3 ITO-freie OLEDs auf rauen Hochindex-Zwischenschichten

8.3.1 OLED-Herstellung

Nach der Präparation der Glassubstrate mit einer rauen Hochindex-Schicht aus Ta_2O_5 und der anschließenden Glättung durch SU-8, werden die Substrate gereinigt (siehe Kapitel 3.2.1), wobei der letzte Reinigungsschritt im Plasmaverascher verkürzt und unter verringerter Leistung stattfindet. Um die Oberfläche der SU-8-Schicht zu polarisieren, sodass die darauffolgende Schicht aus dem wasserlöslichen PEDOT:PSS appliziert werden kann, genügt es, die SU-8-Oberfläche dem Sauerstoffplasma für 12 Sekunden bei einer Leistung von 40 W auszusetzen. Der eigentliche Herstellungsprozess entspricht im Wesentlichen dem Herstellungsprozess der ITO-freien OLEDs aus Kapitel 7.3.2. Er kann im Anhang in Kapitel A.4 nachgelesen werden und ist dort in Abbildung A.8 schematisch dargestellt.

Da nicht nur der Vergleich der Effizienzen der OLEDs mit strukturierten Substraten untereinander interessant ist, sondern insbesondere der Vergleich mit Referenz-OLEDs, befinden sich in einer Charge mindestens zwei Substrate, die zwar auch mit Ta_2O_5 bedampft und anschließend mit SU-8 beschichtet werden, die jedoch vorher nicht aufgeraut wurden und somit eine ganz glatte Oberfläche aufweisen. Die Prozessparameter sind ebenfalls im Anhang in Tabelle A.5 aufgelistet.

8.3.2 Elektrolumineszenzmessungen

Die fertig prozessierten OLEDs werden nun während EL-Messungen in der Ulbricht-Kugel auf ihre Strom-Spannungs-Charakteristik und ihren Lichtstrom hin untersucht. Die Ergebnisse sind in den Diagrammen in Abbildung 8.11 zu sehen. Die jeweiligen Kurven sind Durchschnitte aus mehreren Messungen. Zum besseren Verständnis werden im Folgenden die OLEDs nur nach ihren Aufraumethoden benannt, bzw. als Referenz-OLED gekennzeichnet.

In Abbildung 8.11(a) sind die Strom-Spannungs-Kennlinien der verschiedenen OLEDs aufgetragen. Die Einsatzspannung liegt bei etwa 2,5 V. Die Kurven laufen jedoch mit zunehmender Spannung auseinander. Die Kurve der Referenz-OLED liegt leicht über der der Schleifpaste-OLED; beide liegen mittig zwischen der Sandstrahlen-OLED, die die größte Stromstärke aufweist und der Glasätzcreme-OLED, die die niedrigste Stromstärke zeigt. Diese Unterschiede sind auf die Oberflächenbeschaffenheiten der Substrate zurückzuführen, die trotz der glättenden SU-8-Schichten nicht gleich sind. Das führt zu unterschiedlichen elektrischen Eigenschaften der Polymeranoden und der optischen Eigenschaften der OLEDs selbst. Dieses Verhalten lässt sich auch in Abbildung 8.11(b), in der der Lichtstrom in Abhängigkeit der Spannung dargestellt ist, finden. Die Sandstrahlen-OLED zeigt den höchsten, die Glasätzcreme-OLED den niedrigsten Lichtstrom. Bemerkenswerterweise zeigt die Schleifpaste-OLED einen etwas höheren Lichtstrom als die Referenz-OLED, was darauf hinweist, dass die externe Quanteneffizienz dieser OLED höher als die der Referenz-OLED ist. Um die externe Quanteneffizienzen vergleichen zu können, ist in Abbildung 8.11(c) der Lichtstrom über der Stromstärke aufgetragen. Dabei zeigt sich, dass die Sandstrahlen-OLED, gefolgt von der Schleifpaste-OLED, eine deutlich höhere externe Quanteneffizienz hat als die Referenz-OLED. Bei einer Stromstärke von 5 mA ist ihr Lichtstrom um ca. 37,4 %, bzw. um ca. 16 % erhöht. Die Glasätzcreme-OLED offenbart eine niedrigere Effizienz verglichen mit der Referenz-OLED. Auf die Gesamteffizienz lässt sich in Abbildung 8.11(d), in der der Lichtstrom über der Leistung aufgetragen ist, schließen. Ähnlich zum vorherigen Diagramm weist die Sandstrahlen-OLED die größte Effizienz auf. Auch die Schleifpaste-OLED zeigt einen höheren Lichtstrom als die Referenz-OLED. Lediglich die Kurve der Glasätzcreme-OLED liegt unter der der Referenz-OLED.

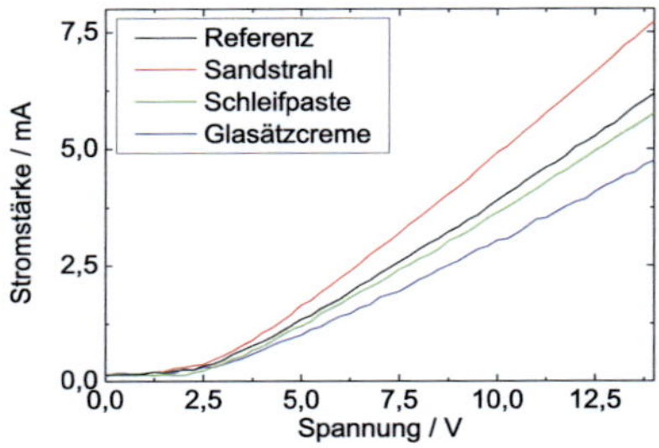

(a) Stromdichte-Spannungs-Kennlinie

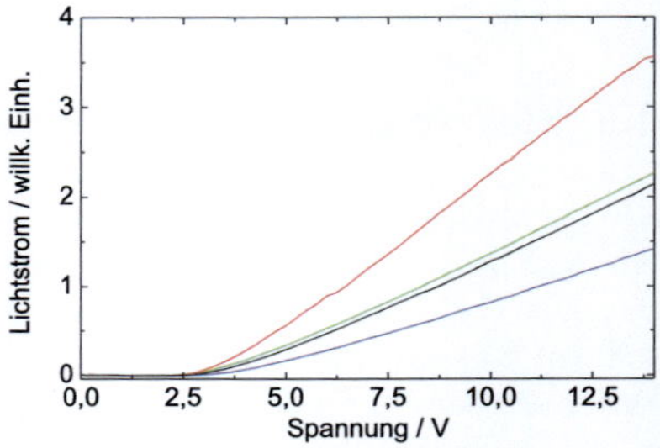

(b) Lichtstrom über Spannung

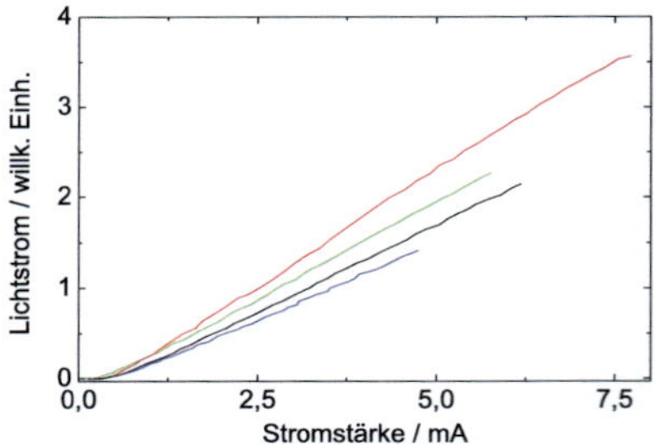

(c) Lichtstrom über Strom

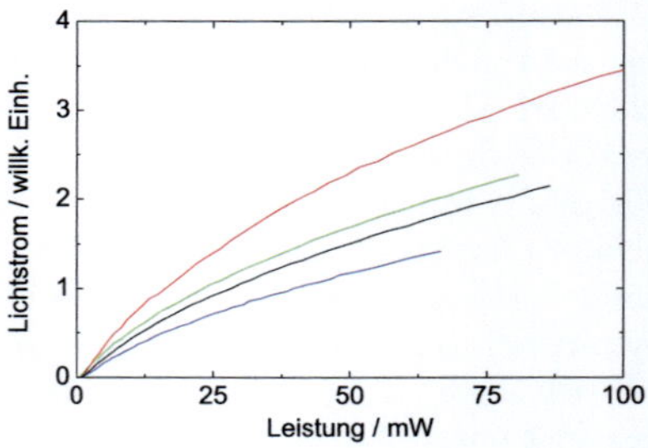

(d) Lichtstrom über Leistung

Abbildung 8.11: Strom-Spannungs-Kennlinie (a), sowie Leuchtdichte über Spannung (b), Strom (c) und elektrischer Leistung (d) der drei aufgerauten OLEDs und einer Referenz-OLED.

Um nun zu entscheiden, ob die Steigerung der externen Quanteneffizienz auf eine Steigerung der Auskoppeleffizienz oder der internen Quanteneffizienz zurückzuführen ist, werden winkelaufgelöste PL-Messungen an den Proben durchgeführt.

8.3.3 Photolumineszenzmessungen

Die winkelaufgelösten PL-Messungen werden wie in Kapitel 3.3.4 beschrieben durchgeführt. Die Ergebnisse sind in Abbildung 8.12 zu sehen. Die relative Intensität entspricht dem über alle Wellenlängen aufsummierten Licht. Dabei fällt auf, dass alle aufgerauten OLEDs über den gesamten Winkelbereich von 0° bis 90° mehr Licht emittieren, als die Referenz-OLED. In Vorwärtsrichtung schneidet insbesondere die Glasätzcreme-OLED ganz dicht gefolgt von der Sandstrahlen-OLED am besten ab. Sie zeigen ein um ca. 25 % erhöhtes PL-Signal. Die Schleifpaste-OLED liegt ca. 14 % über der Referenz-OLED. Dies liegt vermutlich daran, dass die ursprünglichen Oberflächen der Substrate der Glasätzcreme-OLEDs und Sandstahlen-OLEDs eine größere Rauheit aufweisen, als die der Schleifpasten-OLEDs und somit effizienter Licht aus den geführten Moden und den Substratmoden der OLEDs streuen können. Wie viele der extrahierten Photonen nun aus den geführten Moden oder aus den Substratmoden stammen, lässt sich so nicht genau bestimmen. Man kann aber, wie auch im Kapitel 7 erläutert, in welchem die periodische Nanostrukturierung der relativ dicken Ta_2O_5-Schicht nicht nur geführte Moden, sondern auch Substratmoden auskoppelt, davon ausgehen, dass durch die raue Hochindex-Zwischenschicht beide Verlustkanäle der OLED verringert werden [160].

Des Weiteren ändert sich zu größeren Winkeln hin die Abstrahlcharakteristik der OLEDs. Die Sandstrahlen-OLED und die Schleifpaste-OLED zeigen am ehesten ein Lambertsches Profil. Die Intensitäten der Glasätzcreme-OLED und die Referenz-OLED hingegen nehmen zu größeren Winkeln stärker ab. Dies liegt womöglich daran, dass die aufgeraute Oberfläche des Substrates der Glasätzcreme-OLED nicht gleichmäßig rau ist, sondern nur stellenweise abgeflachte Berge aufweist und die restliche Fläche, wie die Oberfläche des Substrates der Referenz-OLED, als sehr eben erscheint (siehe Abbildung 8.5). Solch ein Rauheitsprofil scheint sich besonders gut zur Erhöhung der Lichtauskopplung in Vorwärtsrichtung zu eignen.

Um nun zu überprüfen, ob durch die PL-Anregung nicht etwa mehr Photonen in die OLED hineingelangen, welche dann in der Emitterschicht vermehrt absorbiert würden, die dadurch wiederum mehr Photonen emittierte, werden Reflexionsmessungen, wie sie in Kapitel 3.3.1 und Kapitel 4.1.2 beschrieben sind, durchgeführt.

Die OLEDs werden hierzu an der Ulbricht-Kugel des Spektrometers wie in Abbildung 3.7(b) gezeigt angeordnet und von unten durch ihr Glassubstrat hindurch vermessen. Der Reflexionsgrad von je zwei OLEDs, deren Substrate durch die drei unterschiedlichen Methoden aufgeraut wurden sowie zweier Referenz-OLEDs, ist in Abbildung 8.13 zu sehen. Bei einer Wellenlänge von 449 nm, welche dem Absorptionsmaximum des Emittermaterials Super Yellow entspricht, weisen alle OLEDs bis auf die zwei Schleifpaste-OLEDs einen höheren Reflexionsgrad als der Referenz-OLEDs auf. Das bedeutet, dass die OLEDs mit aufgerauten Substraten auch bei

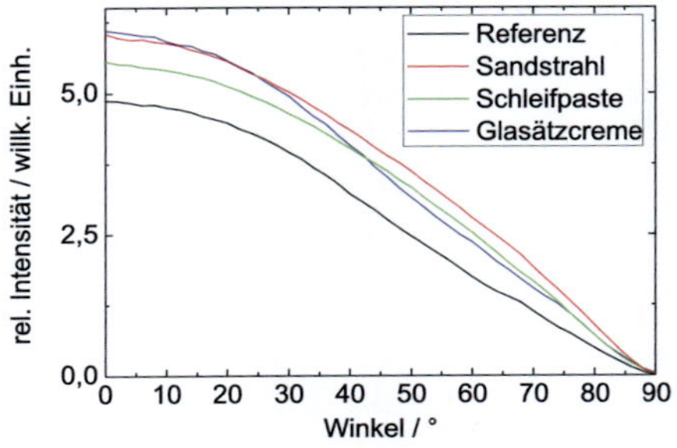

Abbildung 8.12: Winkelaufgelöste und über alle Wellenlängen aufsummierte PL-Messung der drei aufgerauten OLEDs und der Referenz-OLED.

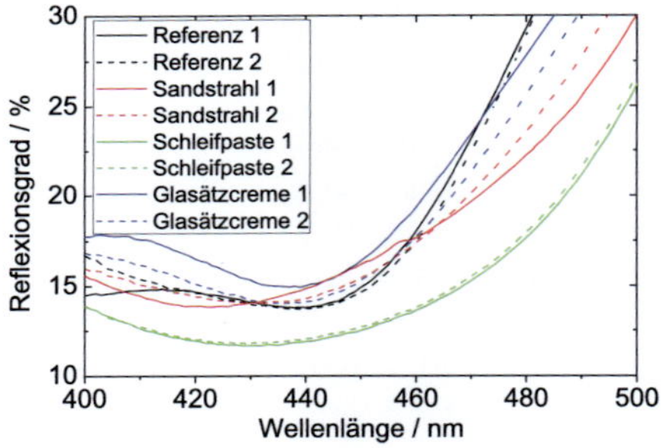

Abbildung 8.13: Reflexionsgrad fertig prozessierter ITO-freier OLEDs, deren Substrate mit drei unterschiedlichen Methoden aufgeraut wurden, im Vergleich zur Referenz-OLED.

den PL-Messungen weniger Laserlicht absorbieren. Und selbst die ca. 2 %, um die sich die Referenz-OLEDs von den Schleifpaste-OLEDs unterscheiden, können nicht die Steigerungen der OLEDs mit rauen Hochindex-Zwischenschichten in den PL-Messungen erklären.

Damit ist gezeigt, dass sich mit rauen Hochindex-Zwischenschichten die Auskoppeleffizienz ITO-freier OLEDs deutlich steigern lässt. Da sich in Abbildungen 8.11(c) und 8.11(d), die die externe Quanteneffizienz und die Gesamteffizienz darstellen, für die Glasätzpaste-OLED eine Verringerung der Effizienz herausstellt, liegt dies zwangsläufig einer Verringerung der internen Quanteneffizienz zugrunde. Dies liegt mit hoher Wahrscheinlichkeit an den leicht unterschiedlichen SU-8-Oberflächen, die sich je nach Aufraumethode trotz größter Sorgfalt bei der Herstellung doch unterscheiden. Dadurch können die Eigenschaften der PEDOT:PSS-Anode direkt sowie die darüberliegenden Schichten indirekt negativ beeinflusst werden. Ferner kann nicht ausgeschlossen werden, dass sich die Oberflächenbeschaffenheit der SU-8-Schicht -sei es negativ oder positiv- auch auf die internen Quanteneffizienzen der anderen OLEDs mit aufgerauten Substraten auswirkt.

8.4 Zusammenfassung und Ausblick

Raue Hochindex-Zwischenschichten eignen sich gut zur effektiven Extraktion von geführten Moden und Substratmoden aus ITO-freien OLEDs. Sie werden erzeugt, indem das Glassubstrat durch Sandstrahlen, mit Schleifpaste oder mit Glasätzcreme aufgeraut wird. Ist die Rauheit des Substrats zu groß, werden durch eine der jeweiligen Rauheit angemessene Politur die groben Spitzen und Grate entfernt. Auf die immer noch ausreichend raue Oberfläche (R_q zwischen 24 nm und 430 nm) werden 50 nm des hochbrechenden Materials Ta_2O_5 aufgedampft, durch welches sich die Rauheit durchdrückt. Damit ITO-freie OLEDs darauf gebaut werden können, werden die rauen Oberflächen mit einer etwa 200 nm dicken Fotolack-Schicht aus SU-8 geglättet.

Auf die SU-8-Oberfläche werden ITO-freie OLEDs gebaut, bestehend aus einer PEDOT:PSS-Anode, einer Emitterschicht aus Super Yellow, einer Calcium-Kathode und einer darüberliegenden Schutzschicht aus Aluminium. Die Referenz-OLEDs werden baugleich auf glatten, nicht aufgerauten Substraten, die jedoch auch eine Ta_2O_5- und eine SU-8-Schicht aufweisen, hergestellt.

Die Ergebnisse der EL-Messungen ergeben, dass die externe Quanteneffizienz und die Gesamteffizienz bei der Sandstrahlen-OLED und Schleifpaste-OLED gegenüber den Referenz-OLEDs deutlich erhöht ist. So ergibt sich für die Sandstrahlen-OLED und für die Schleifpaste-OLED bei einem Strom von 5 mA eine Erhöhung des Lichtstroms um ca. 37,4 %, bzw. um ca. 16 %. Lediglich die Glasätzcreme-OLED zeigt eine geringere Effizienz als die Referenz-OLED. Die PL-Messungen ergeben jedoch, dass alle OLEDs, deren Substrate eine raue Hochindex-Zwischenschicht aufweisen, eine verbesserte Auskoppeleffizienz besitzen. Diese kann - wie im Falle der Glasätzcreme-OLED zu sehen - durch eine Verschlechterung der internen Quanteneffizienz kompensiert werden.

9 Ausblick

Im Rahmen dieser Arbeit wurden verschiedene neuartige Methoden zur Effizienzsteigerung von OLEDs untersucht und vorgestellt. Sowohl die gute Handhabbarkeit der verwendeten Materialien, als auch die erzielte Verbesserung des Wirkungsgrades der OLEDs zeigen das Potential dieser Konzepte. Diese lassen sich dabei grob in bottom-up- und top-down-Konzepte einteilen, da einerseits Nanopartikel, die zu Selbstorganisation neigen, verwendet wurden und andererseits Technologien zur Nanostrukturierung zum Einsatz kamen.

Bei den Nanopartikeln handelte es sich hauptsächlich um 20 nm bis 30 nm große SiO_2-Kugeln, die schon in wässriger Dispersion vorlagen. Durch ihre relativ leichte Handhabbarkeit war es möglich, sie in und zwischen die verschiedenen Schichten der OLEDs zu integrieren. Besonders die Ausbildung der Kompositschichten aus SiO_2-Nanopartikeln und PEDOT:PSS ist ein überaus erfolgreiches Beispiel für die Integration von Nanopartikeln in OLEDs. Zum einen, weil sie OLEDs an sich schon effizienter machen, und zusätzlich die Möglichkeit schaffen, größere Nanopartikel als Streuzentren darin einzubetten. Der nächste Schritt wäre deshalb, Nanopartikel einer schmalen Größenverteilung in die Kompositschichten der OLEDs beizumischen und systematisch deren Konzentration und Größenverteilung zu variieren. Auch andere hochbrechende Materialien wie z. B. Ta_2O_5 könnten sich für den Einsatz als Streuzentren in den Kompositschichten eignen. Durch die einstellbare Schichtdicke ließen sich die Wellenleitereigenschaften optimieren, was bei anderen organischen Bauelementen wie organischen Solarzellen oder organischen Lasern vorteilhaft sein könnte. Ein weiterer Schritt in Richtung kostengünstige und flexible Bauteile wäre der Einsatz hochleitfähiger Kompositschichten als Ersatz für das teure und spröde Material ITO. Des Weiteren könnte das Kompositmaterial auch mittels diverser etablierter Druckverfahren strukturiert auf die Substrate aufgebracht werden, wodurch weitere aufwendige Prozessschritte eingespart würden.

Durch die Integration von Nanopartikel-Zwischenschichten innerhalb der organischen Schichten konnte ebenfalls eine Effizienzsteigerung erzielt werden. Jedoch war diese nicht nur auf eine optimierte Auskoppeleffizienz zurückzuführen, sondern auch auf eine verbesserte interne Quanteneffizienz. Obwohl sich - je nach Lage der Zwischenschicht - auch dicht gepackte Zwischenschichten aus Nanopartikeln ausbilden können, die die Wellenleitereigenschaften der OLEDs verändern, spielten elektrische Effekte wohl die Hauptrolle. Da die Effizienzen der OLEDs auch von den einzelnen Schichtdicken abhängen, wäre eine systematische Schichtdickenvariation von Vorteil. Des Weiteren könnten sich auch Nanopartikel aus anderen Materialien und unterschiedlicher Größe positiv auf die Eigenschaften der OLEDs auswirken.

Im Falle der Nanopartikel-Cluster, die zwischen Emitterschicht und Kathode eingebracht wurden, kann ein optischer Streueffekt ganz ausgeschlossen werden. Nichtsdestotrotz ließ sich die interne Quanteneffizienz enorm steigern, was diesen Ansatz auch für organische Laser und Fotodioden interessant macht. Denn wenn sich die elektrischen Eigenschaften eines organischen Bauelementes durch die simple Implementierung von Nanopartikeln verbessern lassen, könnten komplizierte Schichtstrukturen aus unterschiedlichen Ladungsträgertransportschichten oder dotierten Schichten überflüssig werden. Jedoch sollte der genaue Mechanismus, auf den der positive Effekt zurückzuführen ist, tiefergehend untersucht und besser verstanden werden. Dazu müssten systematisch mehrere geeignete Materialien, bzw. Nanopartikel-Größen und -Formen ausprobiert werden. Weiterhin wäre eine verbesserte Benetzung der Dispersionen wünschenswert. Hierfür sollten auch mehrere Mischungsverhältnisse der Nanopartikel-Dispersionen mit DEG oder mit anderen, geeigneteren Additiven getestet werden.

Bei den zwei vorgestellten top-down-Konzepten konnte gezeigt werden, dass es möglich ist mittels einer geeigneten Substratmodifikation beide optischen Verlustkanäle der OLEDs anzusprechen. Bei der eindimensionalen, periodischen Nanostrukturierung einer 300 nm dicken Ta_2O_5-Schicht wurde ab einer bestimmten Gittertiefe eine enorme Effizienzsteigerung der darauf hergestellten ITO-freien OLEDs festgestellt. Dies wurde vor allem auf die Auskopplung von Substratmoden zurückgeführt. Die Ta_2O_5-Schicht verschiebt die geführten Moden innerhalb der OLEDs durch ihren hohen Brechungsindex in Richtung Substrat, weshalb gerade die Substratmoden am Gitter gestreut und so effektiv aus der OLED extrahiert werden. Die hergestellten und verwendeten Gitter haben, was Qualität und Reproduzierbarkeit betrifft, noch lange nicht ihr Potential ausgereizt. Es wäre sinnvoll auch größere Gittertiefen wie in [160] simuliert, an OLEDs zu testen. Ebenso würden verschieden tiefe Gitter, welche zwischen Glassubstrat und Ta_2O_5-Schicht eingebracht sind, weitere Erkenntnisse über die Abhängigkeit der Gittereffizienz vom Ort des Gitters und seiner Tiefe bringen. Zu guter Letzt könnte eine verbesserte Schichtstruktur und weniger empfindliche Kathodenmaterialien dafür sorgen, dass die OLEDs eine höhere interne Quanteneffizienz und geringere Degradationsrate aufweisen.

Ähnlich verhält es sich mit den ITO-freien OLEDs, die eine raue Hochindex-Zwischenschicht aus Ta_2O_5 enthalten. Da in diesem Falle die Schicht nur 50 nm betrug, war der Effekt der Modenverschiebung in Richtung Substrat nicht so ausgeprägt. Dennoch war auch hier zu beobachten, dass die Auskoppeleffizienz der OLEDs deutlich gesteigert wurde, was wiederum auf Streuung von geführten Moden und Substratmoden an der rauen Hochindex-Zwischenschicht zurückgeführt wurde. Da jedoch die interne Quanteneffizienz stark von der Güte der auf die modifizierten Substratoberflächen aufgebrachten organischen Schichten abhängt, gibt es gerade bei diesem Konzept noch viel Verbesserungspotential. Dazu sollte der letzte Schritt der Substratglättung durch Einsatz von geeigneteren Materialien verbessert werden. Ließe sich nach Aufrauen der Glasoberfläche und Aufbringen der hochbrechenden Ta_2O_5-Schicht eine ganz glatte Oberfläche erzeugen, wären die Schwankungen in der Strom-Spannungs-Charakteristik und damit auch die elektrischen Verluste vernachlässigbar und die Veränderungen der Effizienzen damit eindeutig auf das Auskoppelverhalten der OLEDs zurückzuführen.

Jedes dieser hier vorgestellten Herangehensweisen bietet gegenüber dem Standard-Herstellungsverfahren sowohl Vor- als auch Nachteile, die es abzuwägen gilt. Jedoch lassen sich nach dem Studium dieser Konzepte einige Schlüsse ziehen, die für die Herstellung von effizienteren OLEDs zu beachten sind. Die Anwesenheit einer relativ dicken, transparenten Schicht aus hochbrechendem Material nahe des Substrates scheint eine Schlüsselrolle zu spielen, wenn es um die effiziente Auskopplung von sowohl geführten Moden, als auch Substratmoden geht. Da ihre Nanostrukturierung eher aufwendig und teuer ist, könnte die komplette Schicht durch eine geeignete hochleitfähige Kompositstruktur ersetzt werden. Diese sollte ähnlich wie die Komposite aus Kapitel 4 einerseits aus hochleitfähigem PEDOT:PSS und andererseits aus Nanopartikeln mit einem im Vergleich zum PEDOT:PSS und Substratmaterial höheren Brechungsindex bestehen. Dabei kämen Nanopartikel aus Ta_2O_5 oder TiO_2 in Frage. Ginge man noch einen Schritt weiter, könnten nun in diese Kompositschicht, die insgesamt einen relativ hohen Brechungsindex besäße, größere Streupartikel aus einem Material mit kleinerem Brechungsindex eingebettet werden. Dadurch würden sich die geführten Moden nahe der hochbrechenden Kompositschicht verteilen, an welcher sowohl diese als auch die Substratmoden gestreut und somit aus der OLED extrahiert werden würden. Da die Einzelbestandteile dieser Auskoppelstrukturen alle aus der Flüssigphase prozessiert werden können, eignet sich dieser Ansatz hervorragend für Druck- und Beschichtungstechniken und ermöglicht so ein potentiell großes und kostengünstiges Produktionsvolumen innerhalb der nächsten zehn Jahre.

Anhang

A.1 OLED-Herstellung Kapitel 4

Die mit 130 nm ITO beschichteten Substrate (siehe Abbildung A.1(a)) werden vorstrukturiert, sodass acht räumlich voneinander getrennte ITO-Streifen auf dem Substrat verbleiben (siehe Abbildung A.1(b)). Nach der Reinigung werden die Substrate durch Aufschleudern mit der Lochtransportschicht aus PEDOT:PSS bzw. aus den zuvor beschriebenen Kompositmischungen versehen (siehe Abbildung A.1(c)). Die hierbei verwendeten Mischungen sind die gleichen, wie die in Kapitel 4.1.1 beschriebenen. Die pure PEDOT:PSS-Dispersion wird mit einer Drehzahl von 3000 rpm und die Kompositmischungen mit 5000 rpm aufgeschleudert. Nach der Trocknung der Schichten wird das Emittermaterial Super Yellow (siehe Kapitel 3.1.3), welches in einer Konzentration von 3 mg/ml in Toluol gelöst ist, mit einer Drehzahl von 1000 rpm für 55 Sekunden aufgeschleudert (siehe Abbildung A.1(d)). Die entstehende Emitterschicht hat eine Dicke von ca. 50 nm. Die Aufschleuderparameter für die PEDOT:PSS-, bzw. Kompositschichten und Emitterschicht sind in Tabelle A.1 gegeben. Um eine gute Kontaktierung der darauffolgenden Calcium-Kathode zu gewährleisten, werden die Polymerschichten durch Kratzen mit einer Plastikpinzette mechanisch von den äußeren ITO-Streifen entfernt (siehe Abbildung A.1(e)). Der nächste Schritt besteht darin, die Kathode aus 50 nm Calcium (siehe Abbildung A.1(f)) und eine Schutzschicht aus ca. 200 nm Aluminium aufzudampfen (siehe Abbildung A.1(g)). Dazu wird eine Schattenmaske verwendet, die einen Teil des Metalls von den Substraten abschattet. Durch diese strukturierte Metallisierung werden zusammen mit der Vorstrukturierung der ITO-Schicht die vier aktiven Flächen der OLEDs auf den Substraten definiert. Die Kontaktierung der Kathode kann durch die direkte Verbindung zwischen Calcium-Kathode und äußerem ITO-Streifen durch letzteren erfolgen. Die OLEDs sind nun prinzipiell funktionstüchtig. Um sie jedoch auch an Umgebungsluft vermessen zu können, werden sie noch mit einem Glasplättchen und einem Zweikomponenten-Klebstoff verkapselt (siehe Abbildung A.1(h)). Die Kontaktierung der OLEDs erfolgt über die aus der Verkapselung herausragenden ITO-Streifen. Die inneren ITO-Streifen fungieren als Anode und die äußeren als Kathode.

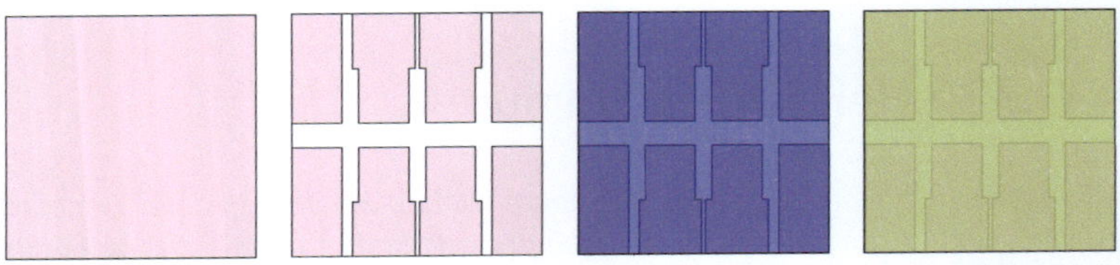

(a) ITO-beschichtetes Substrat (b) Strukturierte ITO-Schicht (c) PEDOT:PSS- bzw. Kompositschicht (d) Emitterschicht aus Super Yellow

(e) Polymerschichten am Rand entfernt (f) Calcium-Kathode (g) Schutzschicht aus Aluminium (h) Verkapselung

Abbildung A.1: Die ITO-beschichteten Substrate (a) werden vorstrukturiert, sodass acht separate ITO-Streifen verbleiben (b). Darauf wird mittels Aufschleudern die PEDOT:PSS- oder Kompositschicht (c) und danach die Emitterschicht aus Super Yellow (d) appliziert. Beide Polymerschichten werden an zwei Rändern entfernt (e), damit die aufgedampften Calcium-Kathoden die äußeren ITO-Streifen direkt kontaktieren (f). Die Kathoden werden noch mit einer Schutzschicht aus Aluminium bedampft (g), bevor das Verkapselungsglasplättchen über die vier OLEDs samt Metallkontaktierungen geklebt wird (h).

Prozessparameter

Substratvorbereitung	Zuschneiden der Substrate aus großer Substratplatte	25 mm × 25 mm
Strukturierung der ITO-Anoden	Ätzen der vorbereiteten Substrate mit Salzsäure	7 min
Reinigung	Aceton im Ultraschallbad Isopropanol im Ultraschallbad Sauerstoffplasma	15 min 15 min 2 min @ 100 W
Aufschleudern	PEDOT:PSS pur	5 s @ 500 rpm 55 s @ 3000 rpm
	SiO_2-Gehalt 76 %	5 s @ 500 rpm 55 s @ 5000 rpm
	SiO_2-Gehalt 84 %	5 s @ 500 rpm 55 s @ 5000 rpm
	SiO_2-Gehalt 89 %	5 s @ 500 rpm 55 s @ 5000 rpm
	SiO_2-Gehalt 94 %	5 s @ 500 rpm 55 s @ 5000 rpm
Ausheizen der Wasserreste	Vakuumofen	30 min @ 130 °C
Aufschleudern	Super Yellow (3 mg/ml)	5 s @ 500 rpm 55 s @ 1000 rpm
Aufdampfen	Calcium Aluminium	50 nm 200 nm
Verkapselung mit UHU endfest plus 300	Aushärten	24 h

Tabelle A.1: Prozessparameter für die Herstellung der OLEDs mit SiO_2-Kompositschichten aus Kapitel 4.2.1.

A.2 OLED-Herstellung Kapitel 5

Prozessparameter

Der Herstellungsprozess ähnelt sehr dem aus Kapitel A.1. Die Besonderheiten sind bereits in Kapitel 5.1 beschrieben.

Substratvorbereitung	Zuschneiden der Substrate aus großer Substratplatte	25 mm × 25 mm
Strukturierung der ITO-Anoden	Ätzen der vorbereiteten Substrate mit Salzsäure	7 min
Reinigung	Aceton im Ultraschallbad Isopropanol im Ultraschallbad Sauerstoffplasma	15 min 15 min 2 min @ 100 W
Aufschleudern	PEDOT:PSS SiO_2-Dispersion, Aufbau A	5 s @ 500 rpm 55 s @ 4000 rpm 5 s @ 500 rpm 55 s @ 1000 rpm
Ausheizen der Wasserreste	Vakuumofen	30 min @ 130 °C
Aufschleudern	Super Yellow (3 mg/ml) SiO_2-Dispersion, Aufbau B	5 s @ 500 rpm 55 s @ 1000 rpm 5 s @ 500 rpm 55 s @ 1000 rpm
Ausheizen der Wasserreste	Vakuumofen	30 min @ 130 °C
Aufschleudern	Super Yellow (3 mg/ml) Referenz B und Aufbau B	5 s @ 500 rpm 55 s @ 1000 rpm
Aufdampfen	Calcium Aluminium	20 nm 200 nm
Verkapselung mit UHU endfest plus 300	Aushärten	24 h

Tabelle A.2: Prozessparameter für die Herstellung der OLEDs mit Zwischenschichten aus SiO_2-Nanopartikel aus Kapitel 5.1.

A.3 OLED-Herstellung Kapitel 6

Die Herstellung ist im Wesentlichen die gleiche, wie in Kapitel A.1 bereits erläutert.

Prozessparameter

Substratvorbereitung	Zuschneiden der Substrate aus großer Substratplatte	25 mm × 25 mm
Strukturierung der ITO-Anoden	Ätzen der vorbereiteten Substrate mit Salzsäure	7 min
Reinigung	Aceton im Ultraschallbad Isopropanol im Ultraschallbad Sauerstoffplasma	15 min 15 min 2 min @ 100 W
Aufschleudern	PEDOT:PSS pur	5 s @ 500 rpm 55 s @ 2000 rpm
Ausheizen der Wasserreste	Vakuumofen	30 min @ 130 °C
Aufschleudern	Super Yellow (3 mg/ml)	5 s @ 500 rpm 55 s @ 1000 rpm
	SiO_2	5 s @ 500 rpm 55 s @ 3000 rpm
	SiO_2:TiO_2 1:1	5 s @ 500 rpm 55 s @ 3000 rpm
	SiO_2:TiO_2 1:4	5 s @ 500 rpm 55 s @ 3000 rpm
	DEG	5 s @ 500 rpm 55 s @ 3000 rpm
Aufdampfen	Calcium Aluminium	50 nm 200 nm
Verkapselung mit UHU endfest plus 300	Aushärten	24 h

Tabelle A.3: Prozessparameter für die Herstellung der OLEDs mit Nanopartikelclustern aus Kapitel 6.2.

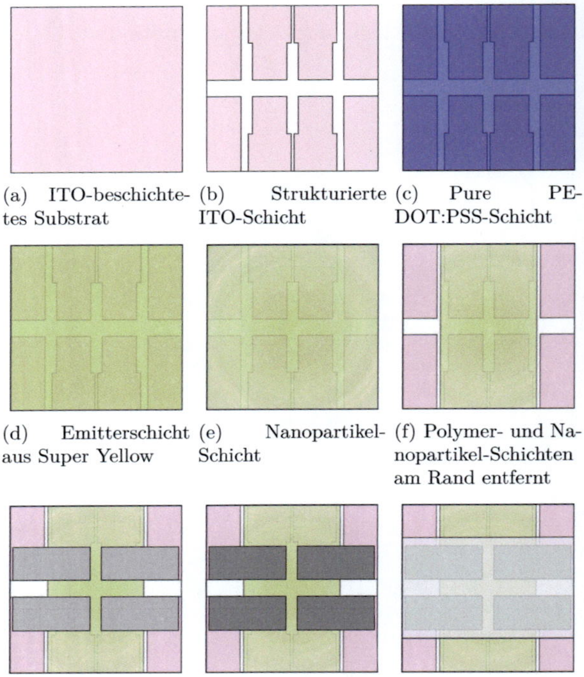

(a) ITO-beschichtetes Substrat (b) Strukturierte ITO-Schicht (c) Pure PEDOT:PSS-Schicht

(d) Emitterschicht aus Super Yellow (e) Nanopartikel-Schicht (f) Polymer- und Nanopartikel-Schichten am Rand entfernt

(g) Calcium-Kathode (h) Schutzschicht aus Aluminium (i) Verkapselung

Abbildung A.2: Die ITO-beschichteten Substrate (a) werden vorstrukturiert, sodass acht separate ITO-Streifen verbleiben (b). Darauf wird mittels Aufschleudern die pure PEDOT:PSS-Schicht (c) und danach die Emitterschicht aus Super Yellow (d) appliziert. Abgesehen von den Referenz-Substraten werden auf die Emitterschichten die verschiedenen Nanopartikel-Dispersionen aufgebracht (e). Die Polymer- und Nanopartikel-Schichten werden an zwei Rändern entfernt (f), damit die aufgedampften Calcium-Kathoden die äußeren ITO-Streifen direkt kontaktieren (g). Die Kathoden werden noch mit einer Schutzschicht aus Aluminium bedampft (h), bevor das Verkapselungsglasplättchen über die vier OLEDs samt Metallkontaktierungen geklebt wird (i).

A.4 OLED-Herstellung Kapitel 7

Nach der in Kapitel 3.2.1 beschriebenen Reinigung werden sowohl die mit einem Bragg-Gitter strukturierten als auch die unstrukturierten Substrate (siehe Abbildung A.3(a)) mit einer Mischung aus PEDOT:PSS und DMSO beschichtet. Die Mischung besteht aus der PEDOT:PSS-Suspension PH500, zu der 5 Vol.-% DMSO hinzugegeben wird (siehe Kapitel 3.1.2). Diese wird mit einem zweistufigen Aufschleuderprogramm aufgebracht. Zuerst wird die Mischung für 5 Sekunden bei einer Drehzahl von 500 rpm, danach für 210 Sekunden bei 3000 rpm rotiert. Die Beschichtung dauert in diesem Fall etwas länger als gewöhnlich, da der Trocknungsprozess durch die Zugabe des DMSO verzögert wird (siehe Abbildung A.3(b)). Danach wird diese an zwei Seiten des Substrates durch ein Sauerstoff-Plasma entfernt. Dazu werden die Proben in einen Halter gelegt, der mit einer dünnen Edelstahlmaske bedeckt wird. Der Halter samt Proben wird dann in den PlasmaveraschER gestellt, welcher evakuiert wird. Nach Erreichen des Enddrucks von 0,4 mbar wird die Probenkammer mit dem Prozessgas Sauerstoff bei geringem Fluss durchflutet, welches nach Einschalten der kHz-Frequenz ein Plasma ausbildet. Dieses reagiert mit den freiliegenden Stellen des organischen PEDOT:PSS zu gasförmigen Verbindungen, die abgesaugt werden [165]. Nach ca. 5 Minuten bei einer Leistung von 100 W ist das PEDOT:PSS an den nicht durch die Edelstahlmaske abgedeckten Bereichen vollständig entfernt (siehe Abbildung A.3(c)). Dies kann mit einem Multimeter nachgeprüft werden, indem man eine Kontaktspitze auf die verbliebene, ca. 80 nm dicke PEDOT:PSS-Schicht und die andere auf den Bereich, welcher vorher vom PEDOT:PSS befreit wurde, hält. Wenn auch die kritischen Randbereiche auf der gereinigten Fläche abgetastet sind und der Widerstand nicht unter 200 MΩ gefallen ist, kann davon ausgegangen werden, dass die Veraschung des PEDOT:PSS auf den Randbereichen und somit die Strukturierung der Polymeranoden erfolgreich war. Die Eigenschaften der Polymeranoden werden in Kapitel 3.1.2 näher beschrieben.

Nach dem Ausheizen der strukturierten PEDOT:PSS-Schicht im Vakuumofen bei 130 °C für ca. 30 Minuten, wird die Emitterschicht aus Super Yellow aufgebracht (siehe Abbildung A.3(d)). Diese etwa 70 nm dicke Schicht muss nun im Gegensatz zu den OLEDs mit ITO-Anoden nicht an den Seiten entfernt werden. Die ca. 50 nm dicke Calcium-Kathode sowie eine Schutzschicht aus ca. 200 nm dickem Aluminium werden dann nacheinander mittels thermischen Verdampfens durch eine L-förmige Schattenmaske aufgedampft (siehe Abbildung A.3(e) und A.3(f)). Um die OLEDs auch unter Umgebungsluft vermessen zu können, werden sie schlussendlich noch mit einem Zweikomponenten-Klebstoff und einem Glasplättchen, das die 4 aktiven Flächen der OLEDs bedeckt, verkapselt (siehe Abbildung A.3(g)). Die genauen Prozessparameter sind in Tabelle A.4 zu finden.

(a) Gereinigtes Ta_2O_5-beschichtetes Substrat (b) Polymerschicht aus PEDOT:PSS (c) Strukturierung der PEDOT:PSS-Schicht als Polymeranode (d) Emitterschicht aus Super Yellow

(e) Calcium-Kathode (f) Schutzschicht aus Aluminium (g) Verkapselung

Abbildung A.3: Die Ta_2O_5-beschichteten Substrate (a) werden mittels Aufschleudern mit PEDOT:PSS, welches mit 5 Vol.-% DMSO versetzt ist, beschichtet (b). Nach der Trocknung der PEDOT:PSS-Schicht wird letztere am Rand durch Plasmaveraschen entfernt. Danach wird die Emitterschicht aus Super Yellow (d) appliziert. Die Calcium-Kathoden (e) und die Schutzschicht aus Aluminium (f) werden L-förmig aufgedampft. Schließlich wird das Verkapselungsglasplättchen über die vier OLEDs geklebt, wobei die Metallkontaktierungen herausragen, um die spätere Kontaktierung der Kathoden zu ermöglichen (g).

Prozessparameter

Reinigung der bereits zugeschnittenen und nanostrukturierten Substrate	Aceton im Ultraschallbad Isopropanol im Ultraschallbad Sauerstoffplasma	15 min 15 min 2 min @ 100 W
Aufschleudern	PEDOT:PSS (mit DMSO)	5 s @ 500 rpm 210 s @ 3000 rpm
Strukturierung der Anode	Sauerstoffplasma	5 min @ 100 W
Ausheizen der Wasserreste	Vakuumofen	30 min @ 130 °C
Aufschleudern	Super Yellow (3 mg/ml)	5 s @ 500 rpm 55 s @ 1000 rpm
Aufdampfen	Calcium Aluminium	50 nm 200 nm
Verkapselung mit UHU endfest plus 300	Aushärten	24 h

Tabelle A.4: Prozessparameter für die Herstellung der ITO-freien OLEDs aus Kapitel 7.3.2.

A.5 Herstellung rauer Oberflächen Kapitel 8

A.5.1 Aufrauen durch Sandstrahlen

Das Sandstrahl-Verfahren wird vorwiegend zur Reinigung von Oberflächen eingesetzt, findet aber auch Gebrauch in der Entrostung oder Entlackung von Stahl oder in der Sanierung von Mauerwerk und Beton. Des Weiteren wird es für dekorative Zwecke und in der Zahntechnik verwendet. In dieser Arbeit wird die Maschine Uniblaster der Firma Girrbach Dental eingesetzt. Das Strahlgut wird je nach Material oder Werkstück, das von Verunreinigungen befreit werden soll, gewählt. Es wird mithilfe von Druckluft beschleunigt und über eine Düse auf die zu behandelnde

Oberfläche gerichtet. Für die Erzeugung rauer Glasoberflächen wird Korund (Al_2O_3) mit einer Körnung von ca. 50 µm als Strahlgut ausgewählt.

(a) Sandstrahlgerät

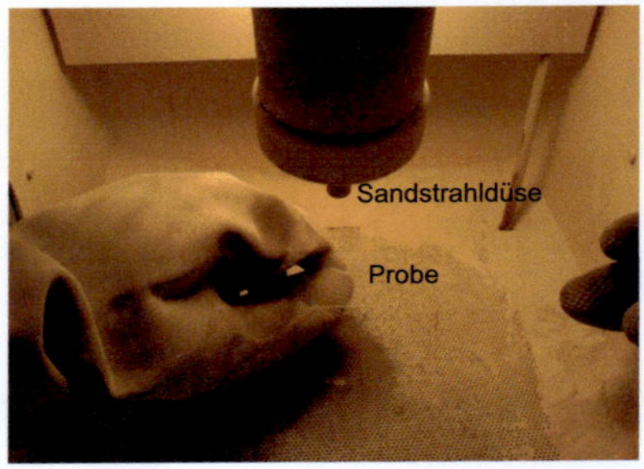

(b) Glassubstrat während Sandstrahlbehandlung

Abbildung A.4: Sandstrahlgerät (a) und Sandstrahlvorgang eines Glassubstrats (b) [161].

Abbildung A.4 zeigt das Sandstrahlgerät und den Sandstrahlvorgang. Die resultierende Rauheit der Glasoberfläche hängt während des Sandstrahlens von mehreren Faktoren ab. Zum einen ist der Druck entscheidend, mit welchem das Strahlgut auf die Oberfläche geschossen wird. Zum anderen spielt die Verweildauer der Sandstrahlung pro Fläche eine Rolle. Wenn das zu bestrahlende Substrat zu nahe an die Düse gehalten wird oder zu lange auf einer Stelle bestrahlt wird, wird eine andere Rauheit entstehen, als wenn die Probe nur kurz und weiter weg von der Düse bestrahlt wird.

A.5.2 Aufrauen mit Schleifpaste

Das Glassubstrat wird mit einem Tropfen Wasser an einen Metallzylinder angeheftet, welcher später als Griff dient. Danach wird etwas von der Schleifpaste (MetaDi Diamond Polishing Compound, 3 µm bzw. 1 µm Körnung, Firma BUEHLER) zusammen mit etwas Wasser und handelsüblichem Spülmittel auf eine große Glasplatte, die als Unterlage fungiert, gegeben und vermengt (siehe Abbildung A.5(a)). Nun wird der umgedrehte Metallzylinder samt aufzurauender Probe für ca. 10 Minuten in kreisenden Bewegungen über die große Glasplatte geführt, wie in Abbildung A.5(b) gezeigt wird. Dabei muss ständig darauf geachtet werden, dass sich die Probe nicht an der unteren Glasplatte festsaugt. Es hat sich als sehr hilfreich erwiesen, wenn die untere Glasplatte vorher schon mit Schleifpaste aufgeraut wurde. Ein weiteres Problem sind die Glassplitter, die von den Bruchkanten des aufzurauenden Glassubstrates absplittern. Diese sind meistens so groß, dass sie, bevor sie zu kleineren Partikeln zermahlen werden, tiefe Furchen in das Substrat kratzen. Dieses Problem kann durch die vorherige Ultraschallbehandlung der Glassubstrate, bei der die Bruchkanten etwas entgratet werden, minimiert werden.

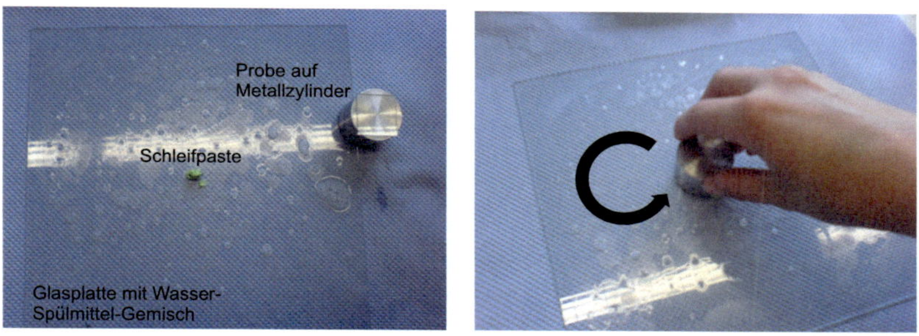

(a) Glasplatte als Unterlage mit Schleifpaste und Wasser-Spülmittel-Gemisch

(b) Kreisende Bewegungen

Abbildung A.5: Das Glassubstrat wird mit einem Tropfen Wasser auf einem Metallzylinder befestigt und dann in kreisenden Bewegungen mit der Schleifpaste und dem Wasser-Spülmittel-Gemisch auf der großen Glasplatte gerieben [161].

A.5.3 Aufrauen mit Glasätzcreme

Es handelt sich bei der Glasätzcreme um eine kommerziell erhältliche und für den häuslichen und kunsthandwerklichen Gestaltungsbereich bestimmte rosa, zähflüssige Paste, die unter dem Namen Glasotan von der Firma CREARTEC trend-design-GmbH hergestellt und vertrieben wird. Obwohl sie als nahezu ungefährliche Alternative zu Flusssäure angepriesen wird, ist bei der Arbeit mit der Glasätzcreme Vorsicht geboten, da sie das giftige Ammoniumhydrogendifluorid enthält.

Wie in Abbildung A.6 zu sehen, wird die Glasätzcreme mit einem Spatel auf das aufzurauende Glassubstrat aufgetragen, wo sie für mehrere Sekunden einwirken kann. Danach wird sie unter laufendem Wasser abgespült.

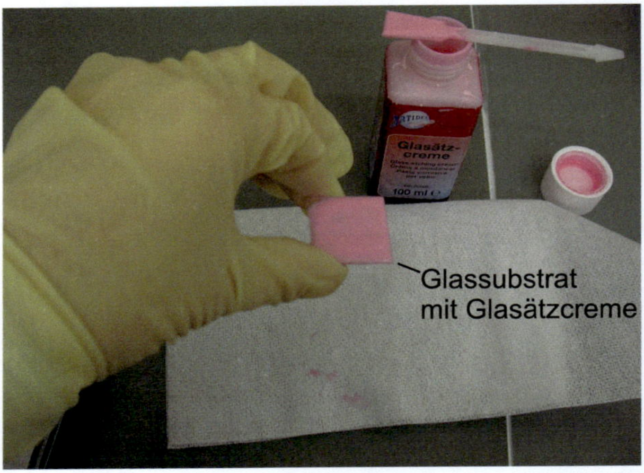

Abbildung A.6: Die Glasätzcreme wird mittels Spatel flächig auf das Glassubstrat aufgebracht. Nach einigen Sekunden Einwirkdauer wird sie mit Wasser abgespült [161].

A.5.4 Polieren der rauen Oberflächen

Zum Polieren der rauen Oberflächen wird die Poliermaschine PHOENIX 4000 Sample Preparation System der Firma BUEHLER (siehe Abbildung A.7(a)) verwendet. Diese kann mit Schleiffolien, die Diamantpartikel enthalten, bestückt werden, welche dann mit Drehzahlen von 25 rpm bis 600 rpm in Schritten von 25 rpm rotiert werden. Die Schleiffolien haben Körnungen von 1 µm, 3 µm, 6 µm und 9 µm und werden je nach vorliegender Anfangsrauheit entsprechend eingesetzt.

Für den eigentlichen Poliervorgang wird wieder ein Wasser-Spülmittel-Gemisch auf die Schleiffolie gegeben und das zu polierende Glassubstrat mit einem Tropfen Wasser auf einen Metallzylinder geheftet. Dann wird der Metallzylinder samt Glassubstrat leicht auf die sich drehende Schleiffolie gedrückt und hin- und herbewegt, wie in Abbildung A.7(b) zu sehen ist. Dabei ist wieder darauf zu achten, dass sich das Substrat nicht festsaugt oder verkantet, da es dadurch meistens unkontrolliert weggeschleudert wird und somit unbrauchbar wird.

A.5.5 Glätten der Ta_2O_5-Zwischenschicht mit SU-8

Bevor der SU-8 auf die rauen, mit Ta_2O_5-bedampften Glassubstrate aufgebracht wird, werden die Substrate wie in Kapitel 3.2.1 beschrieben gereinigt. Nach der voll-

(a) Poliermaschine

(b) Poliervorgang

Abbildung A.7: Schichtdicke (a) und Flächenwiderstand (b) von hochleitfähigen PEDOT:PSS-Schichten in Abhängigkeit von der Drehzahl [161].

ständigen Trocknung auf einer Heizplatte bei 200 °C für fünf Minuten, kühlen die Proben für weitere drei Minuten ab. Nun werden die Proben mittels Aufschleudern mit dem SU-8 belackt. Dazu werden sie für drei Sekunden bei 500 rpm vorgeschleudert und anschließend für 30 Sekunden bei 2000 rpm rotiert (siehe Kapitel 3.2.2). Danach werden sie zuerst auf einer 65 °C heißen Heizplatte für eine Minute, danach auf einer 95 °C heißen Heizplatte für zwei Minuten ausgebacken. Nun werden die Proben mit einem Flachbett-UV-Belichter für vier Minuten belichtet. Anschließend werden sie mit den gleichen Parametern wie eben beschrieben ein zweites mal ausgebacken.

A.6 OLED-Herstellung Kapitel 8

Die OLED-Herstellung ist analog zu Kapitel A.4. Der einzige Unterschied besteht darin, dass statt der PEDOT:PSS-Formulierung PH500 die etwas neuere PH750 verwendet wird [107].

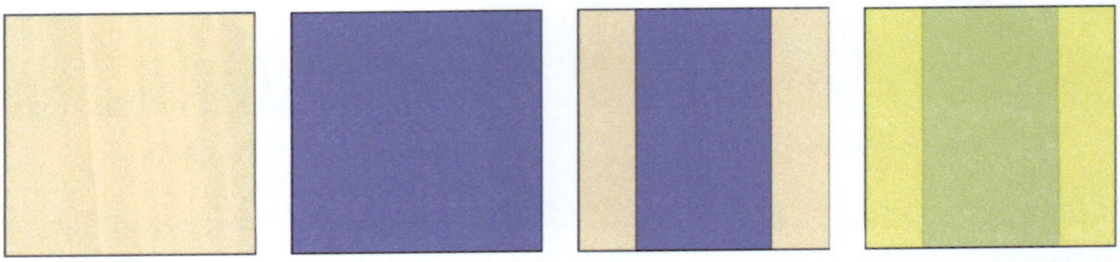

(a) Ta_2O_5-Oberfläche nach Glättung mit SU-8
(b) Polymerschicht aus PEDOT:PSS
(c) Strukturierung der PEDOT:PSS-Schicht als Polymeranode
(d) Emitterschicht aus Super Yellow

(e) Calcium-Kathode
(f) Schutzschicht aus Aluminium
(g) Verkapselung

Abbildung A.8: Die Glassubstrate, die eine raue Hochindex-Schicht aus Ta_2O_5 enthalten und mit einer SU-8-Schicht geglättet sind (a) werden mittels Aufschleudern mit PEDOT:PSS, welches mit 5 Vol.-% DMSO versetzt ist, beschichtet (b). Nach der Trocknung der PEDOT:PSS-Schicht wird letztere am Rand durch Plasmaveraschen entfernt. Danach wird die Emitterschicht aus Super Yellow (d) appliziert. Die Calcium-Kathoden (e) und die Schutzschicht aus Aluminium (f) werden L-förmig aufgedampft. Schließlich wird das Verkapselungsglasplättchen über die vier OLEDs geklebt, wobei die Metallkontaktierungen herausragen, um die spätere Kontaktierung der Kathoden zu ermöglichen (g).

Prozessparameter

Reinigung der bereits zugeschnittenen, nanostrukturierten und mit SU-8 geglätteten Substrate	Aceton im Ultraschallbad Isopropanol im Ultraschallbad Sauerstoffplasma	5 min 5 min 12 s @ 40 W
Aufschleudern	PEDOT:PSS (mit DMSO)	5 s @ 500 rpm 210 s @ 3000 rpm
Strukturierung der Anode	Sauerstoffplasma	5 min @ 100 W
Ausheizen der Wasserreste	Vakuumofen	30 min @ 130 °C
Aufschleudern	Super Yellow (3 mg/ml)	5 s @ 500 rpm 55 s @ 1000 rpm
Aufdampfen	Calcium Aluminium	50 nm 200 nm
Verkapselung mit UHU endfest plus 300	Aushärten	24 h

Tabelle A.5: Prozessparameter für die Herstellung der ITO-freien OLEDs aus Kapitel 8.3.1.

Literaturverzeichnis

[1] R.P. Feynman, *Feynman's Talk*, Eng. Sci. (1960).

[2] H. Shirakawa, E.J. Louis, A.G. MacDiarmid, C.K. Chiang, and A.J. Heeger, *Synthesis of electrically conducting organic polymers: halogen derivatives of polyacetylene, (CH)x*, J. Chem. Soc. D **16** (16), 578 (1977).

[3] C.K. Chiang, C.R. Fincher Jr, Y.W. Park, A.J. Heeger, H. Shirakawa, E.J. Louis, S.C. Gau, and A.G. MacDiarmid, *Electrical conductivity in doped polyacetylene*, Phys. Rev. Lett. **39** (17), 1098 (1977).

[4] C.W. Tang and S.A. Van Slyke, *Organic electroluminescent diodes*, Appl. Phys. Lett. **51** (12), 913 (1987).

[5] C. Adachi, T. Tsutsui, and S. Saito, *Confinement of charge carriers and molecular excitons within 5-nm-thick emitter layer in organic electroluminescent devices with a double heterostructure*, Appl. Phys. Lett. **57** (6), 531 (1990).

[6] R.H. Friend, R.W. Gymer, A.B. Holmes, J.H. Burroughes, R.N. Marks, C. Taliani, D.D.C. Bradley, D.A. Dos Santos, J.L. Brédas, M. Lögdlund, and W.R. Salaneck, *Electroluminescence in conjugated polymers*, Nature **397** (6715), 121 (1999).

[7] J.H. Burroughes, D.D.C. Bradley, A.R. Brown, R.N. Marks, K. Mackay, R.H. Friend, P.L. Burns, and A.B. Holmes, *Light-emitting diodes based on conjugated polymers*, Nature **347** (6293), 539 (1990).

[8] M.A. Baldo, M.E. Thompson, and S.R. Forrest, *Phosphorescent materials for application to organic light omitting devices*, Pure and Applied Chemistry **71** (11), 2095 (1999).

[9] C. Adachi, M.A. Baldo, M.E. Thompson, and S.R. Forrest, *Nearly 100% internal phosphorescence efficiency in an organic light-emitting device*, J. Appl. Phys. **90** (10), 5048 (2001).

[10] T.F. Guo, S.C. Chang, Y. Yang, R.C. Kwong, and M.E. Thompson, *Highly efficient electrophosphorescent polymer light-emitting devices*, Org. Electron. **1** (1), 15 (2000).

[11] M. Pfeiffer, K. Leo, X. Zhou, J.S. Huang, M. Hofmann, A. Werner, and J. Blochwitz-Nimoth, *Doped organic semiconductors: Physics and application in light emitting diodes*, Org. Electron. **4** (2-3), 89 (2003).

[12] G. He, O. Schneider, D. Qin, X. Zhou, M. Pfeiffer, and K. Leo, *Very high-efficiency and low voltage phosphorescent organic light-emitting diodes based on a pin junction*, J. Appl. Phys. **95** (10), 5773 (2004).

[13] K. Nagayama, T. Yahagi, H. Nakada, T. Watanabe, K. Yoshida, and S. Miyaguchi, *Micropatterning Method for the Cathode of the Organic Electroluminescent Device*, Jpn. J. Appl. Phys., Part 2 **36** (11B), L1555 (1997).

[14] Y. Fukuda, T. Watanabe, T. Wakimoto, S. Miyaguchi, and M. Tsuchida, *An organic LED display exhibiting pure RGB colors*, Synth. Met. **111** (1-2), 1 (2000).

[15] J. Yoshida, *Ex-Apple expat leads Samsung's OLED TV push*, Technical Report 1582 (2010).

[16] J.N.A. Matthews, *Are organic LEDs ready for the big screen?*, Phys. Today **61**, 26 (2008).

[17] Informationsplattform OLED.at, *Wann wird OLED-Tv konkurrenzfähig gegenüber LCD-Plasma HDTV sein?* (2011).

[18] Displaysearch, *quarterly OLED shipment and forecast report, Q2/09* (2009).

[19] *OSRAM Opto Semoconductors, Showroom* (2010).

[20] P.E. Burrows, V. Bulovic, S.R. Forrest, L.S. Sapochak, D.M. McCarty, and M.E. Thompson, *Reliability and degradation of organic light emitting devices*, Appl. Phys. Lett. **65** (23), 2922 (1994).

[21] B. Geffroy, P. le Roy, and C. Prat, *Organic light-emitting diode (OLED) technology: materials, devices and display technologies*, Polym. Int. **55** (6), 572 (2006).

[22] M. Fujita, T. Ueno, T. Asano, S. Noda, H. Ohhata, T. Tsuji, H. Nakada, and N. Shimoji, *Organic light-emitting diode with ITO/organic photonic crystal*, Electron. Lett. **39** (24), 1750 (2003).

[23] B.J. Matterson, J.M. Lupton, A.F. Safonov, M.G. Salt, W.L. Barnes, and I.D.W. Samuel, *Increased Efficiency and Controlled Light Output from a Microstructured Light-Emitting Diode*, Adv. Mater. **13** (2), 123 (2001).

[24] Y.R. Do, Y.C. Kim, Y.-W. Song, C.-O Cho, H. Jeon, Y.-J. Lee, S.-H. Kim, and Y.-H. Lee, *Enhanced Light Extraction from Organic Light-Emitting Diodes with 2D SiO2/SiNx Photonic Crystals*, Adv. Mater. **15** (14), 1214 (2003).

[25] Y. Sun and S.R. Forrest, *Enhanced light out-coupling of organic light-emitting devices using embedded low-index grids*, Nat. Photonics **2** (8), 483 (2008).

[26] W.H. Koo, S.M. Jeong, F. Araoka, K. Ishikawa, S. Nishimura, T. Toyooka, and H. Takezoe, *Light extraction from organic light-emitting diodes enhanced by spontaneously formed buckles*, Nat. Photonics **4** (4), 222 (2010).

[27] T.-W. Koh, J.-M. Choi, S. Lee, and S. Yoo, *Optical Outcoupling Enhancement in Organic Light-Emitting Diodes: Highly Conductive Polymer as a Low-Index Layer on Microstructured ITO Electrodes*, Adv. Mater. **22** (16), 1849 (2010).

[28] T. Yamasaki, K. Sumioka, and T. Tsutsui, *Organic light-emitting device with an ordered monolayer of silica microspheres as a scattering medium*, Appl. Phys. Lett. **76** (10), 1243 (2000).

[29] S. Möller and S.R. Forrest, *Improved light out-coupling in organic light emitting diodes employing ordered microlens arrays*, J. Appl. Phys. **91** (5), 3324 (2002).

[30] H. Peng, Y.L. Ho, X.J. Yu, M. Wong, and H.S. Kwok, *Coupling efficiency enhancement in organic light-emitting devices using microlens array-theory and experiment*, IEEE/OSA J. Disp. Technol. **1** (2), 278 (2005).

[31] M.K. Wei and I.L. Su, *Method to evaluate the enhancement of luminance efficiency in planar OLED light emitting devices for microlens array*, Opt. Express **12** (23), 5777 (2004).

[32] M.K. Wei, I.L. Su, Y.J. Chen, M. Chang, H.Y. Lin, and T.C. Wu, *The influence of a microlens array on planar organic light-emitting devices*, J. Micromech. Microeng. **16** (2), 368 (2006).

[33] J. Lim, S.S. Oh, D.Y. Kim, S.H. Cho, I.T. Kim, S.H. Han, H. Takezoe, E.H. Choi, G.S. Cho, Y.H. Seo, S.O Kang, and B. Park, *Enhanced out-coupling factor of microcavity organic light-emitting devices with irregular microlens array*, Opt. Express **14** (14), 6564 (2006).

[34] P. Melpignano, V. Biondo, S. Sinesi, M.T. Gale, S. Westenhofer, M. Murgia, S. Caria, and R. Zamboni, *Efficient light extraction and beam shaping from flexible, optically integrated organic light-emitting diodes*, Appl. Phys. Lett. **88** (15), 153514 (2009).

[35] C.F. Madigan, M.H. Lu, and J.C. Sturm, *Improvement of output coupling efficiency of organic light-emitting diodes by backside substrate modification*, Appl. Phys. Lett. **76** (13), 1650 (2009).

[36] W. Li, R.A. Jones, S.C. Allen, J.C. Heikenfeld, and A.J. Steckl, *Maximizing Alq3 OLED internal and external efficiencies: charge balanced device structure and color conversion outcoupling lenses*, IEEE/OSA J. Disp. Technol. **2** (2), 143 (2006).

[37] Y.H. Cheng, J.L. Wu, C.H. Cheng, K.C. Syao, and M.C.M. Lee, *Enhanced light outcoupling in a thin film by texturing meshed surfaces*, Appl. Phys. Lett. **90**, 91102 (2007).

[38] J.J. Shiang and A.R. Duggal, *Application of radiative transport theory to light extraction from organic light emitting diodes*, J. Appl. Phys. **95** (5), 2880 (2004).

[39] S. Chen and H.S. Kwok, *Light extraction from organic light-emitting diodes for lighting applications by sand-blasting substrates*, Opt. Express **18** (1), 37 (2009).

[40] K. Saxena, V.K. Jain, and D.S. Mehta, *A review on the light extraction techniques in organic electroluminescent devices*, Opt. Mater. **32** (1), 221 (2009).

[41] S. Reineke, F. Lindner, G. Schwartz, N. Seidler, K. Walzer, B. Lüssem, and K. Leo, *White organic light-emitting diodes with fluorescent tube efficiency*, Nature **459** (7244), 234 (2009).

[42] W. Brütting and F. Schreiber, *Physics of Organic Semiconductors* (Wiley-VCH Verlag GmbH & Co. KGaA, Weinheim, FRG, 2005).

[43] W. Demtröder, *Experimentalphysik 3. Atome, Moleküle und Festkörper* (Springer Verlag, 2000), third edition.

[44] H. Klauk, *Organic electronics: materials, manufacturing and applications* (Vch Verlagsgesellschaft Mbh, 2006).

[45] J. Shinar, *Organic light-emitting devices: a survey* (Springer Verlag, New York, USA, 2004).

[46] G. Heliotis, R. Xia, G.A. Turnbull, P. Andrew, W.L. Barnes, I.D.W. Samuel, and D.D.C. Bradley, *Emission Characteristics and Performance Comparison of Polyfluorene Lasers with One- and Two-Dimensional Distributed Feedback*, Adv. Funct. Mater. **14** (1), 91 (2004).

[47] T. Rabe, M. Hoping, D. Schneider, E. Becker, H.H. Johannes, W. Kowalsky, T. Weimann, J. Wang, P. Hinze, B.S. Nehls, U. Scherf, T. Farrell, and T. Riedl, *Threshold Reduction in Polymer Lasers Based on Poly (9, 9-dioctylfluorene) with Statistical Binaphthyl Units*, Adv. Funct. Mater. **15** (7), 1188 (2005).

[48] F. Padinger, R.S. Rittberger, and N.S. Sariciftci, *Effects of postproduction treatment on plastic solar cells*, Adv. Funct. Mater. **13** (1), 85 (2003).

[49] M. Reyes-Reyes, K. Kim, and D.L. Carroll, *High-efficiency photovoltaic devices based on annealed poly (3-hexylthiophene) and 1-(3-methoxycarbonyl)-propyl-1-phenyl-(6,6)C61 blends*, Appl. Phys. Lett. **87**, 083506 (2005).

[50] K. Seshan, *Handbook of thin-film deposition processes and techniques: principles, methods, equipment and applications* (William Andrew, 2002).

[51] R.C. Advincula, *Polymer brushes: synthesis, characterization, applications* (Vch Verlagsgesellschaft Mbh, 2004).

[52] J.J. Licari, *Coating materials for electronic applications: polymers, processes, reliability, testing* (Birkhäuser, 2003).

[53] K. Gilleo, *Polymer thick film* (Kluwer Academic Pub, 1996).

[54] S.R. Forrest, *The path to ubiquitous and low-cost organic electronic appliances on plastic*, Nature **428** (6986), 911 (2004).

[55] A. Nollau, M. Pfeiffer, T. Fritz, and K. Leo, *Controlled n-type doping of a molecular organic semiconductor: Naphthalenetetracarboxylic dianhydride (NTCDA) doped with bis(ethylenedithio)-tetrathiafulvalene (BEDT-TTF)*, J. Appl. Phys. **87**, 4340 (2000).

[56] X. Zhou, J. Blochwitz, M. Pfeiffer, A. Nollau, T. Fritz, and K. Leo, *Enhanced hole injection into amorphous hole-transport layers of organic light-emitting diodes using controlled p-type doping*, Adv. Funct. Mater. **11** (4), 310 (2001).

[57] N.J. Turro, V. Ramamurthy, and J.C. Scaiano, *Principles of molecular photochemistry: an introduction* (University Science Books, 2009).

[58] P.W. Atkins, *Quanten: Begriffe und Konzepte für Chemiker* (VCH, 1993).

[59] J.G. Simmons, *Richardson-Schottky effect in solids*, Phys. Rev. Lett. **15** (25), 967 (1965).

[60] S.M. Sze and K.K. Ng, *Physics of semiconductor devices* (Wiley-Blackwell, 2007).

[61] S.R. Pollack and C.E. Morris, *Electron Tunneling through Asymmetric Films of Thermally Grown Al2O3*, J. Appl. Phys. **35** (5), 1503 (1964).

[62] T.J. Vink, K. Nieuwesteeg, and G. Oversluizen, *Tunneling through thin oxide interface layers in a-Si:H Schottky diodes*, J. Appl. Phys. **71** (9), 4399 (1992).

[63] C. Gärtner, *Organic Laser Diodes: Modelling and Simulation*, Dissertation, Universität Karlsruhe (TH) (2008).

[64] J.C. Scott and G.G. Malliaras, *Charge injection and recombination at the metal-organic interface*, Chem. Phys. Lett. **299** (2), 115 (1999).

[65] V.I. Arkhipov, E.V. Emelianova, Y.H. Tak, and H. Bässler, *Charge injection into light-emitting diodes: Theory and experiment*, J. Appl. Phys. **84**, 848 (1998).

[66] F. So, *Organic Electronics: Materials, Processing, Devices and Applications* (CRC, 2009).

[67] M. Schwoerer and H.C. Wolf, *Organic molecular solids* (Wiley Online Library, 2007).

[68] A. Yassar, J. Roncali, and F. Garnier, *Conductivity and conjugation length in poly (3-methylthiophene) thin films*, Macromolecules **22** (2), 804 (1989).

[69] H. Baessler, V.I. Arkhipov, E.V. Emelianova, A. Gerhard, A. Hayer, C. Im, and J. Rissler, *Excitons in pi-conjugated polymers*, Synth. Met. **135-136**, 377 (2003).

[70] C.D. Dimitrakopoulos and P.R.L. Malenfant, *Organic thin film transistors for large area electronics*, Adv. Mater. **14** (2), 99 (2002).

[71] M. Pope and C.E. Swenberg, *Electronic processes in organic crystals and polymers* (Oxford University Press Oxford, 1999).

[72] M. Stevenson, *Förster transfer in conjugated polymer blends* (University of California, Santa Barbara, 2000).

[73] N.S. Allen, *Handbook of Photochemistry and Photophysics of Polymeric Materials* (John Wiley & Sons, 2010).

[74] G. Horowitz, *Organic thin film transistors: From theory to real devices*, J. Mater. Res. **19** (7), 1946 (2004).

[75] I.D.W. Samuel and G.A. Turnbull, *Organic semiconductor lasers*, Chem. Rev **107** (4), 1272 (2007).

[76] M.S. Arnold, J.D. Zimmerman, C.K. Renshaw, X. Xu, R.R. Lunt, C.M. Austin, and S.R. Forrest, *Broad Spectral Response Using Carbon Nanotube/Organic Semiconductor/C60 Photodetectors*, Nano Lett. **9** (9), 3354 (2009).

[77] H. Hoppea and N.S. Sariciftci, *Organic solar cells: An overview*, J. Mater. Res. **19** (7), 1925 (2004).

[78] J.R. Sheats, *Manufacturing and commercialization issues in organic electronics*, J. Mater. Res. **19** (7), 1974 (2004).

[79] O. Weiss, R. Krause, and R. Paetzold, *Organic thin film devices for displays and lighting*, volume 46 (Springer, 2007).

[80] F. So, J. Kido, and P. Burrows, *Organic Light-Emitting Devices for Solid-State Lighting*, MRS Bull. **33**, 663 (2008).

[81] K. Müllen and U. Scherf, *Organic Light-Emitting Devices: Synthesis Properties and Applications*, volume 51 (Wiley VCH, 2006).

[82] X. Zhou, M. Pfeiffer, J. Blochwitz, A. Werner, A. Nollau, T. Fritz, and K. Leo, *Very-low-operating-voltage organic light-emitting diodes using a p-doped amorphous hole injection layer*, Appl. Phys. Lett. **78** (4), 410 (2001).

[83] J. Roncali, *Molecular Engineering of the Band Gap of π-Conjugated Systems: Facing Technological Applications*, Macromol. Rapid Commun. **28** (17), 1761 (2007).

[84] H. Hahn, *Hellempfindlichtkeitskurve des menschlichen Auges* (2010).

[85] SEKTOR4 GmbH, *www.lichtlexikon.sektor4.ch* (2011).

[86] N. Koch, *Organic electronic devices and their functional interfaces*, Chemphyschem **8** (10), 1438 (2007).

[87] V. Cleave, G. Yahioglu, P. Le Barny, R.H. Friend, and N. Tessler, *Harvesting Singlet and Triplet Energy in Polymer LEDs*, Adv. Mater. **11** (4), 285 (1999).

[88] P.A. Hobson, J.A.E. Wasey, I. Sage, and W.L. Barnes, *The role of surface plasmons in organic light-emitting diodes*, IEEE J. Sel. Top. Quantum Electron. **8** (2), 378 (2002).

[89] S. Nowy, B.C. Krummacher, Jo. Frischeisen, N.A. Reinke, and W. Brütting, *Light extraction and optical loss mechanisms in organic light-emitting diodes: Influence of the emitter quantum efficiency*, J. Appl. Phys. **104** (12), 123109 (2008).

[90] Y. Kawamura, K. Goushi, J. Brooks, J.J. Brown, H. Sasabe, and C. Adachi, *100% phosphorescence quantum efficiency of Ir(III) complexes in organic semiconductor films*, Appl. Phys. Lett. **86** (7), 071104 (2005).

[91] M. Ikai, S. Tokito, Y. Sakamoto, T. Suzuki, and Y. Taga, *Highly efficient phosphorescence from organic light-emitting devices with an exciton-block layer*, Appl. Phys. Lett. **79** (2), 156 (2001).

[92] D. Tanaka, H. Sasabe, Y.-J. Li, S.-J. Su, T. Takeda, and J. Kido, *Ultra High Efficiency Green Organic Light-Emitting Devices*, Jpn. J. Appl. Phys. **46** (1), L10 (2007).

[93] W.L. Barnes, *Electromagnetic crystals for surface plasmon polaritons and the extraction of light from emissive devices*, J. Lightwave Technol. **17** (11), 2170 (1999).

[94] H. Greiner, *Light Extraction from Organic Light Emitting Diode Substrates: Simulation and Experiment*, Jpn. J. Appl. Phys. **46** (No. 7A), 4125 (2007).

[95] J. Hauss, Dissertation (in Vorbereitung), Karlsruher Institut für Technologie (KIT) (2011).

[96] C. Genet and T.W. Ebbesen, *Light in tiny holes*, Nature **445** (7123), 39 (2007).

[97] P.A. Hobson, S. Wedge, J.A.E. Wasey, I. Sage, and W.L. Barnes, *Surface Plasmon Mediated Emission from Organic Light-Emitting Diodes*, Adv. Mater. **14** (19), 1393 (2002).

[98] H. Raether, *Surface plasmons on smooth and rough surfaces and on grattings* (Springer Verlag, 1988).

[99] K. Okamoto, I. Niki, A. Shvartser, Y. Narukawa, T. Mukai, and A. Scherer, *Surface-plasmon-enhanced light emitters based on InGaN quantum wells.*, Nat. Mater. **3** (9), 601 (2004).

[100] S. Asada, *Waveguiding effect on modal gain in optical waveguide devices*, IEEE Journal of Quantum Electronics **27** (4), 884 (1991).

[101] S. Gleiss, *Effizienzsteigerung in organischen Leuchtdioden durch photonische Kristallgitter*, Diplomarbeit (Physik), Universität Karlsruhe(TH) (2008).

[102] M. Punke, *Organische Halbleiterbauelemente für mikrooptische Systeme*, Dissertation, Universität Karlsruhe (TH) (2007).

[103] T.M. Brown, J.S. Kim, R.H. Friend, F. Cacialli, R. Daik, and W.J. Feast, *Built-in field electroabsorption spectroscopy of polymer light-emitting diodes incorporating a doped poly(3,4-ethylene dioxythiophene) hole injection layer*, Appl. Phys. Lett. **75** (12), 1679 (1999).

[104] M. Bajpai, K. Kumari, R. Srivastava, M.N. Kamalasanan, R.S. Tiwari, and S. Chand, *Electric field and temperature dependence of hole mobility in electroluminescent PDY 132 polymer thin films*, Solid State Commun. **150** (13-14), 581 (2010).

[105] Filmetrics, *Brechungsindex-Messungen* (2010).

[106] Heraeus Clevios GmbH, *Datenblatt: CLEVIOS PH 500* (2007).

[107] Heraeus Clevios GmbH, *Datenblatt: CLEVIOS PH 750* (2011).

[108] P.A. Levermore, R. Jin, X. Wang, L. Chen, D.D.C. Bradley, and J.C. Mello, *High efficiency organic light-emitting diodes with PEDOT-based conducting polymer anodes*, J. Mater. Chem. **18** (37), 4414 (2008).

[109] K. Fehse, R. Meerheim, K. Walzer, K. Leo, W. Lövenich, and A. Elschner, *Lifetime of organic light emitting diodes on polymer anodes*, Appl. Phys. Lett. **93** (8), 83303 (2008).

[110] K. Fehse, K. Walzer, K. Leo, W. Lövenich, and A. Elschner, *Highly conductive polymer anodes as replacements for inorganic materials in high-efficiency organic light-emitting diodes*, Adv. Mater. **19** (3), 441 (2007).

[111] K. Fehse, K. Walzer, G. He, M. Pfeiffer, K. Leo, W. Lövenich, and A. Elschner, *Highly efficient OLEDs on ITO-free polymeric substrates*, Proc. SPIE **6192**, 61921Z (2006).

[112] H. Spreitzer, H. Becker, E. Kluge, W. Kreuder, H. Schenk, R. Demandt, and H. Schoo, *Soluble phenyl-substituted PPVs-new materials for highly efficient polymer LEDs*, Adv. Mater. **10** (16), 1340 (1998).

[113] E.W. Snedden, L.A. Cury, K.N. Bourdakos, and A.P. Monkman, *High photoluminescence quantum yield due to intramolecular energy transfer in the Super Yellow conjugated copolymer*, Chem. Phys. Lett. **490** (1-3), 76 (2010).

[114] D.R. Lide, *Handbook of Chemistry and Physics* (CRC Press, 2004), 84th edition.

[115] S. Toyoshima, K. Kuwabara, T. Sakurai, T. Taima, K. Saito, H. Kato, and K. Akimoto, *Electronic Structure of Bathocuproine on Metal Studied by Ultraviolet Photoemission Spectroscopy*, Jpn. J. Appl. Phys. **46** (No. 4B), 2692 (2007).

[116] J.R. Vig, *UV/ozone cleaning of surfaces*, J. Vac. Sci. Technol., A **3** (3), 1027 (1985).

[117] C.C. Wu, C.I. Wu, J.C. Sturm, and A. Kahn, *Surface modification of indium tin oxide by plasma treatment: An effective method to improve the efficiency, brightness, and reliability of organic light emitting devices*, Appl. Phys. Lett. **70** (11), 1348 (1997).

[118] H. Kim, J. Lee, C. Park, and Y. Park, *Surface characterization of 02-plasma-treated indium-tin-oxide (ITO) anodes for organic light-emitting-device applications*, J. Korean Phys. Soc. **41** (3), 395 (2002).

[119] S.-H. Chen, *Work-function changes of treated indium-tin-oxide films for organic light-emitting diodes investigated using scanning surface-potential microscopy*, J. Appl. Phys. **97** (7), 073713 (2005).

[120] J.M. Köhler and W. Fritzsche, *Nanotechnology: An Introduction to Nanostructuring Techniques* (Vch Verlagsgesellschaft Mbh, 2007).

[121] W.F. van Dorp and C.W. Hagen, *A critical literature review of focused electron beam induced deposition*, J. Appl. Phys. **104** (8), 081301 (2008).

[122] D. Wolfe, *Titanium carbide coatings deposited by reactive ion beam-assisted, electron beam-physical vapor deposition*, Surf. Coat. Technol. **124** (2-3), 142 (2000).

[123] UHU GmbH & Co. KG, *Technisches Merkblatt: UHU plus endfest 300* , 1 (2009).

[124] R.A. Potyrailo and E.J. Amis, *High-Throughput Analysis: A Tool for Combinatorial Materials Science* (Springer Us, 2003).

[125] Newport, *Datenblatt: Explorer Scientific All Solid State UV Laser* (2010).

[126] C. Gellermann, T. Ballweg, and H. Wolter, *Herstellung von funktionalisierten oxidischen Nano- und Mikropartikeln und deren Verwendung*, Chem. Ing. Tech. **79** (3), 233 (2007).

[127] Sigma-Aldrich, *Datenblatt: LUDOX TMA colloidal silica* (2011).

[128] DoroTEK, *Datenblatt: Optische Materialien* (2011).

[129] S.-I. Na, S.-S. Kim, J. Jo, and D.-Y. Kim, *Efficient and Flexible ITO-Free Organic Solar Cells Using Highly Conductive Polymer Anodes*, Adv. Mater. **20** (21), 4061 (2008).

[130] I. Gur, N. A. Fromer, C.-P. Chen, A. G. Kanaras, and A. P. Alivisatos, *Hybrid solar cells with prescribed nanoscale morphologies based on hyperbranched semiconductor nanocrystals.*, Nano Lett. **7** (2), 409 (2007).

[131] W. Bauhofer and J. Z. Kovacs, *A review and analysis of electrical percolation in carbon nanotube polymer composites*, Compos. Sci. Technol. **69** (10), 1486 (2009).

[132] J.F. Galisteo-López, M. Ibisate, R. Sapienza, L.S. Froufe-Pérez, Á. Blanco, and C. López, *Self-Assembled Photonic Structures*, Adv. Mater. **23**, 30 (2011).

[133] S. Hunklinger, *Festkörperphysik* (Oldenbourg Wissenschaftsverlag GmbH, 2009).

[134] M.H. Song, D. Kabra, B. Wenger, R.H. Friend, and H.J. Snaith, *Optically-Pumped Lasing in Hybrid Organic-Inorganic Light-Emitting Diodes*, Adv. Funct. Mater. **19** (13), 2130 (2009).

[135] S.H. Cho, Y.W. Song, J. Lee, Y.C. Kim, J.H. Lee, J. Ha, J.S. Oh, S.Y. Lee, K.H. Hwang, and Others, *Weak-microcavity organic light-emitting diodes with improved light out-coupling*, Opt. Express **16** (17), 12632 (2008).

[136] Sigma-Aldrich, *Datenblatt: TiO_2-Partikel* (2011).

[137] DuPont, *Herstellerangaben: DuPont Ti-Pure, Titandioxid* (2011).

[138] Y. Sato, S. Ichinosawa, and H. Kanai, *Operation characteristics and degradation of organic electroluminescent devices*, IEEE J. Sel. Top. Quantum Electron. **4** (1), 40 (2002).

[139] I.N. Hulea, R.F.J. Van Der Scheer, H.B. Brom, B.M.W. Langeveld-Voss, A. Van Dijken, and K. Brunner, *Effect of dye doping on the charge carrier balance in PPV light emitting diodes as measured by admittance spectroscopy*, Appl. Phys. Lett. **83** (6), 1246 (2003).

[140] T. Piok, S. Gamerith, C. Gadermaier, H. Plank, F.P. Wenzl, S. Patil, R. Montenegro, T. Kietzke, D. Neher, U. Scherf, K. Landfester, and E.J.W. List, *Organic Light-Emitting Devices Fabricated from Semiconducting Nanospheres*, Adv. Mater. **15** (10), 800 (2003).

[141] L.J. Guo, *Nanoimprint Lithography: Methods and Material Requirements*, Adv. Mater. **19** (4), 495 (2007).

[142] B. Michel, A. Bernard, A. Bietsch, E. Delamarche, M. Geissler, D. Juncker, H. Kind, J.-P. Renault, H. Rothuizen, H. Schmid, P. Schmidt-Winkel, R. Stutz, and H. Wolf, *Printing Meets Lithography: Soft Approaches to High-Resolution Patterning*, volume 56 (IBM, 2002).

[143] X. Cheng and L.J. Guo, *Recent Development and Applications of Nanoimprint Technology* (World Scientific Publishing Company, 2009), 317.

[144] U. Geyer, J. Hauss, B. Riedel, S. Gleiss, U. Lemmer, and M. Gerken, *Large-scale patterning of indium tin oxide electrodes for guided mode extraction from organic light-emitting diodes*, J. Appl. Phys. **104** (9), 93111 (2009).

[145] Y.J. Lee, S.H. Kim, J. Huh, G.H. Kim, Y.H. Lee, S.H. Cho, Y.C. Kim, and Y.R. Do, *A high-extraction-efficiency nanopatterned organic light-emitting diode*, Appl. Phys. Lett. **82** (21), 3779 (2003).

[146] M. Fujita, K. Ishihara, T. Ueno, T. Asano, S. Noda, H. Ohata, T. Tsuji, H. Nakada, and N. Shimoji, *Optical and electrical characteristics of organic light-emitting diodes with two-dimensional photonic crystals in organic/electrode layers*, Jpn. J. Appl. Phys. **44** (6A), 3669 (2005).

[147] K.A. McKinley and N.P. Sandler, *Tantalum pentoxide for advanced DRAM applications*, Thin Solid Films **290-291**, 440 (1996).

[148] G.D. Wilk, R.M. Wallace, and J.M. Anthony, *High-κ gate dielectrics: Current status and materials properties considerations*, J. Appl. Phys. **89** (10), 5243 (2001).

[149] S. Pissadakis, A. Ikiades, C.Y. Tai, N.P. Sessions, and J.S. Wilkinson, *Sub-micron period grating structures in Ta2O5 thin oxide films patterned using UV laser post-exposure chemically assisted selective etching*, Thin Solid Films **453**, 458 (2004).

[150] R. Boucher, U. Hübner, W. Morgenroth, H. Roth, H.G. Meyer, M. Schmidt, and M. Eich, *Etching of sub-micron high aspect ratio holes in oxides and polymers* **73**, 330 (2004).

[151] G.A. Al-Jumaily and S.M. Edlou, *Optical properties of tantalum pentoxide coatings deposited using ion beam processes*, Thin Solid Films **209** (2), 223 (1992).

[152] U. Geyer, *Nanostrukturierte Oberflächen für optoelektronische Bauelemente*, Dissertation, Universität Karlsruhe (TH) (2009).

[153] E. Roßhaupter and D. Hundt, *Photolacke*, Chem. unserer Zeit **5** (5), 147 (1971).

[154] A. Gombert, B. Bläsi, C. Bühler, P. Nitz, J. Mick, W. Hoßfeld, and M. Niggemann, *Some application cases and related manufacturing techniques for optically functional microstructures on large areas*, Opt. Eng. **43** (11), 2525 (2004).

[155] G.S. Oehrlein, *Reactive Ion Etching* (Noyes Publications, 1990).

[156] K.P. Lee, K.B. Jung, R.K. Singh, S.J. Pearton, C. Hobbs, and P. Tobin, *J. Vac. Sci. Technol., A* **18** (4), 1169 (2000).

[157] A. Maaninen, *All-printed flexible OLEDs*, Technical report (2008).

[158] A. Yariv and P. Yeh, *Optical waves in crystals* (John Wiley, New York, 1984).

[159] J. Hauss, B. Riedel, S. Gleiss, U. Geyer, U. Lemmer, and M. Gerken, *Periodic nanostructuring for guided mode extraction in organic light-emitting diodes*, J. Photon. Energy **1** (1), 011012 (2011).

[160] P. Bienstman, P. Vandersteegen, and R. Baets, *Modelling gratings on either side of the substrate for light extraction in light-emitting diodes*, Opt. Quantum Electron. **39** (10), 797 (2007).

[161] I. Kaiser, *Steigerung der Auskoppeleffizienz von organischen Leuchtdioden durch raue Glassubstrate*, Studienarbeit, Universität Karlsruhe (TH) (2010).

[162] F. Völklein and T. Zetterer, *Praxiswissen Mikrosystemtechnik: Grundlagen-Technologien-Anwendungen* (Vieweg+ Teubner Verlag, 2006).

[163] S. Keller, G. Blagoi, M. Lillemose, D. Haefliger, and A. Boisen, *Processing of thin SU-8 films*, J. Micromech. Microeng. **18** (12), 125020 (2008).

[164] G. Huber, *Einfluss der Wellenabsorption auf die Auskopplungseffizienz von Bragg-Gittern in organischen Leuchtdioden*, Studienarbeit, Universität Karlsruhe (TH) (2008).

[165] J.W. Coburn and H.F. Winters, *Plasma etching - A discussion of mechanisms*, J. Vac. Sci. Technol. **16** (2), 391 (1979).

Abbildungsverzeichnis

Tabellenverzeichnis

Abkürzungsverzeichnis

AFM .... engl. *atomic force microscope* (Rasterkraftmikroskop)
Alq_3 .... Aluminium-tris(8-Hydroxychinolen)
DCM .... 4-(Dicyanomethylen)-2-methyl-6-(p-dimethylaminostryryl)-4H-pyran
DEG .... Diethylenglycol
DMSO ...... Dimethylsulfoxid
EL .... Elektrolumineszenz
FIB .... engl. *focused ion beam* (fokussierter Ionenstrahl)
HOMO ...... engl. *highest occupied molecular orbital* (höchstes besetztes Molekülorbital)
ICCD .... engl. *intensified charge-coupled device*
ILC .... engl. *injection limited current* (injektionsbegrenzter Strom)
ISC .... engl. *intersystem crossing* (Interkombination)
ITO .... Indiumzinnoxid
LED .... Leuchtdiode
LTI .... Lichttechnisches Institut
LUMO ...... engl. *lowest unoccupied molecular orbital* (niedrigstes unbesetztes Molekülorbital)
NIR .... nahes infrarot
OCS .... optisches Charakterisierungssystem
OLED ...... organische Leuchtdiode
P3HT .... Poly(3-Hexylthiophen)
PEDOT:PSS Poly(3,4-Ethylendioxythiophen):Poly(styrolsulfonat)
PFO .... Polyfluoren
PL .... Photolumineszenz
PPV .... Poly(p-Phenylen-Vinylen)
REM .... Rasterelektronenmikroskop
SiO_2 .... Siliciumdioxid
SMU .... engl. *source-measurement-unit*
SPLC .... engl. *space-charge limited current* (raumladungsbegrenzter Strom)
SPP .... engl. *surface plasmon polariton* (Oberflächenplasmonpolariton)
Ta_2O_5 .... Tantalpentoxid
TiO_2 .... Titandioxid

UV .... ultraviolett
VIS .... visuell

Danksagung

Mein besonderer Dank gilt meinem Doktorvater Prof. Dr. Uli Lemmer und meiner Doktormutter Prof. Dr. Martina Gerken für die ausgezeichnete fachliche Betreuung und das entgegengebrachte Vertrauen. Ich fand es sehr vorteilhaft, gleich zwei kompetente Betreuer zu haben, die mir einerseits immer mit Rat und Tat zur Seite standen, mir andererseits aber auch die nötige Freiheit ließen, um eigenständig neue Ideen zu entwickeln und zu verfolgen.

Herrn Prof. Dr. Christian Koos vom Institut für Photonik und Quantenelektronik möchte ich für die Übernahme des zweiten Korreferats und der damit verbundenen Arbeit danken.

Ich möchte mich ganz herzlich bei allen Kolleginnen und Kollegen bedanken, die mich in meiner Zeit am Lichttechnischen Institut bei der Durchführung meiner Arbeit und bei der Entstehung dieser Dissertation unterstützt haben. Ich danke Matthias Wissert und Dr. Hans Eisler für die Hilfestellungen bei der Benutzung des AFM, sowie den Mitarbeitern des Laboratoriums für Elektronenmikroskopie für die Erstellung der REM-Aufnahmen. Bei den Sekretärinnen Frau Dittrich und Frau Holeisen bedanke ich mich für die Hilfe in allen verwaltungstechnischen Fragen. Bernd Kleiner, Herrn Geislhöringer und Herrn Sütsch bin ich für die Unterstützung in allen technischen Belangen zu Dank verpflichtet. Bei Thorsten Feldmann und Christian Kayser möchte ich mich für die Sicherstellung des Reinraum-Laborbetriebes und die technologische Unterstützung bedanken. Für die Hilfe beim Korrekturlesen der Dissertation bedanke ich mich bei Tobias Bocksrocker, Julian Hauß und meiner Schwester Dr. Saskia Fischer.

Einen großen Anteil am Gelingen dieser Arbeit hatten meine Studienarbeiter Johanna Gütlein, Xiaochen Tang, Markus Aichholz und Inga Kaiser, mein Diplomand André Gall und mein KSOP-Masterarbeiter Yuxin Shen. Vielen Dank! Insbesondere die simultane Arbeit mit den Mitgliedern des „OLED-Kompetenzteams“ Markus, Inga und André hat mir sehr viel Freude bereitet. Hervorheben möchte ich auch die gute Zusammenarbeit mit Julian Hauß. Nicht nur die alltägliche gemeinsame

Arbeit an der Steigerung der Auskoppeleffizienz von OLEDs, sondern auch die Zeit auf Konferenzen und Seminaren haben viel Spaß gemacht!

Bei meinen Zimmerkollegen Sebastian Gleiß, Yousef Nazirizadeh, Julian Hauß, Klaus Huska und André Gall möchte ich mich für die herzliche Atmosphäre im Büro bedanken. Neben den interessanten fachlichen Gesprächen waren es unsere Ausflüge in philosophische, ökonomische und humorige Gefilde, die eine willkommene Abwechslung zum Arbeitsalltag darstellten. Auch bei Jan Brückner, Ulf Geyer, Falko Riechert, Felix Glöckler, Tobias Bocksrocker, Carsten Eschenbaum, Florian Maier-Flaig, Xin Liu, Ziyao Wang, Matthias Wissert, Katja Dopf, Birgit Rudat, Sönke Klinkhammer, Christoph Vannahme, Carola Moosmann, Sebastian Valouch, Siegfried Kettlitz, Nico Christ, Hung Do, Simon Wendel und Thorsten Feldmann möchte ich mich für für die vielen netten Freizeitaktivitäten, die wir zusammen unternommen haben, bedanken. Ich hoffe, dass wir auch weiterhin die Zeit dafür finden werden!

Dem harten Kern der LTI-Runner um André, Carola, Jan und Do sowie den „Mitläufern“ danke ich für die gemeinsam gelaufenen Kilometer. Gerade in der heißen Phase der Promotion trug dies sehr zur zeitweiligen Entspannung bei.

Schließlich danke ich meinen Freunden daheim, meiner Familie und meiner angeheirateten Großfamilie für die moralische Unterstützung und die Zerstreuungsmöglichkeiten durch kaum abzählbare Familienfeiern. Insbesondere meiner Frau Saskia kann ich für den Rückhalt und den Zuspruch, den sie mir gibt, nicht genug danken.

Lebenslauf

Name:	Boris Riedel
Geburtsdatum:	02. Juli 1982
Geburtsort:	Germersheim
Staatsangehörigkeit:	deutsch
Familienstand:	verheiratet

Ausbildung

09/1988–07/1992	Grundschule, Hambrücken
08/1992–06/2001	Abitur am Justus-Knecht-Gymnasium, Bruchsal
10/2001–12/2006	Studium der Physik an der Universität Karlsruhe (TH)
10/2004–07/2005	Studienaufenthalt an der Heriot-Watt University, Edinburgh, Großbritannien Abschluss als Master of Physics in Optoelectronics and Lasers
12/2005–12/2006	Diplomarbeit am Institut für Angewandte Physik an der Universität Karlsruhe (TH) Thema: „Herstellung dreidimensionaler photonischer Kristalle mittels Schmelzinfiltration“
05/2007–05/2011	wissenschaftlicher Mitarbeiter am Lichttechnischen Institut des Karlsruher Instituts für Technologie (KIT)
05/2007–05/2011	Stipendiat und Kollegiat der Karlsruhe School of Optics & Photonics (KSOP) des KIT